职业技能鉴定培训教程

化学检验工系列

物理常数测定

谷春秀 主编

袁 骃 审

化学工业出版社

·北京·

本书是用于化学检验工初级的物理常数测定专项技能操作培训和考核的实训教材。本书介绍了十项物理常数检验项目（熔点、沸程、折射率、比旋光度、黏度、沸点、凝固点、结晶点、密度、闪点）的检验方法和操作技术，为便于备考还收入了技能鉴定考核试题及评分标准。

本书可供化学检验工技能鉴定考核培训使用，也可供化学相关专业、化学检验相关专业等相关岗位工作人员岗前培训使用及在实际工作中参考。

图书在版编目（CIP）数据

物理常数测定/谷春秀主编．—北京：化学工业出版社，2012.9
职业技能鉴定培训教程．化学检验工系列
ISBN 978-7-122-15063-9

Ⅰ．①物… Ⅱ．①谷… Ⅲ．①物理常数-测定-职业技能-鉴定-教材 Ⅳ．①O4

中国版本图书馆CIP数据核字（2012）第185042号

责任编辑：李玉晖 张双进　　装帧设计：韩 飞
责任校对：陈 静

出版发行：化学工业出版社（北京市东城区青年湖南街13号 邮政编码100011）
印 刷：北京永鑫印刷有限责任公司
装 订：三河市万龙印装有限公司
710mm×1000mm 1/16 印张6½ 字数112千字 2012年11月北京第1版第1次印刷

购书咨询：010-64518888（传真：010-64519686） 售后服务：010-64518899
网 址：http://www.cip.com.cn
凡购买本书，如有缺损质量问题，本社销售中心负责调换。

定 价：17.00元　

前言

本书立足于专业技术的应用和职业能力的培养，是用于化学检验工物理常数测定操作培训和考核的实训教材。本书依据《化学检验工国家职业标准》和化学工业职业技能鉴定指导中心编制的化学检验工试题库，反映了化学检验工岗位工作和技能鉴定的要求，具有技术实践性、实用性和可操作性的特点。对于化学相关专业、化学检验相关专业等相关岗位工作人员来说，本书是一本简明的岗前培训用书；本书总结的操作技巧和注意事项在实际工作中也可以随时参考。

本书结合作者多年实训教学改革成果编写而成，作为职业教育实训教材具有以下特点：

1. 以现代职教课程理论为指导，体现“以全面素质为基础，以能力为本位”的课程改革指导思想，围绕培养学生的基本分析操作能力为根本，结合相关的分析理论进行辅导，力求通过10个实训项目，用一周到两周时间的强化训练，达到化学检验初级工的实训操作能力，以应对化学检验初级工物理常数检验的应会操作鉴定。

2. 从服务学生的观念出发，体现教学方法、学习方法的改革，落实学生的自主学习和探究性学习。在实训的编写过程中，除将操作规程尽可能写详细外，还将所有实训的要求列出，学生在自学和操作过程中可针对相关要求进行训练，同时学生间也可开展相互学习和检查，达到自主学习的目的；此外通过实训过程中的讨论和交流，使探究性学习成为可能，通过实训达到预期的效果。

3. 从学生的认知规律出发，创设现实情景及工业背景，提倡以典型产品或技能培训带动教学。

本综合实训结束后，学生能在以下方面有所提高和强化：

1. 能检测相应类别化工产品或化学试剂的物理参数和性能；

2. 正确选择使用各物理常数测定仪；

3. 能达到相关国家标准中各检验项目的相应要求；

4. 能按操作规程进行操作，正确记录实训数据，正确应用公式计算实训结果；

5. 能判断实训数据的真伪，并根据情况决定是否需要重做。

本书收入了部分技能考核试题和评分标准，便于读者对学习和训练效果做自我评价，从而更好地掌握基本操作技能、规范实训，达到化学检验工考核的技能要求。

袁骢老师在本书编写过程中提供了大力支持和帮助，并为本书审稿。本书还经过北京联合大学生物化学工程学院生物医药系基础教研室主任周考文教授审阅，并提出宝贵意见。在此谨向各位老师表示衷心的感谢。

由于编者水平有限，不足之处在所难免，恳请广大教师和读者批评指正。

编　者

2012 年 6 月于北京

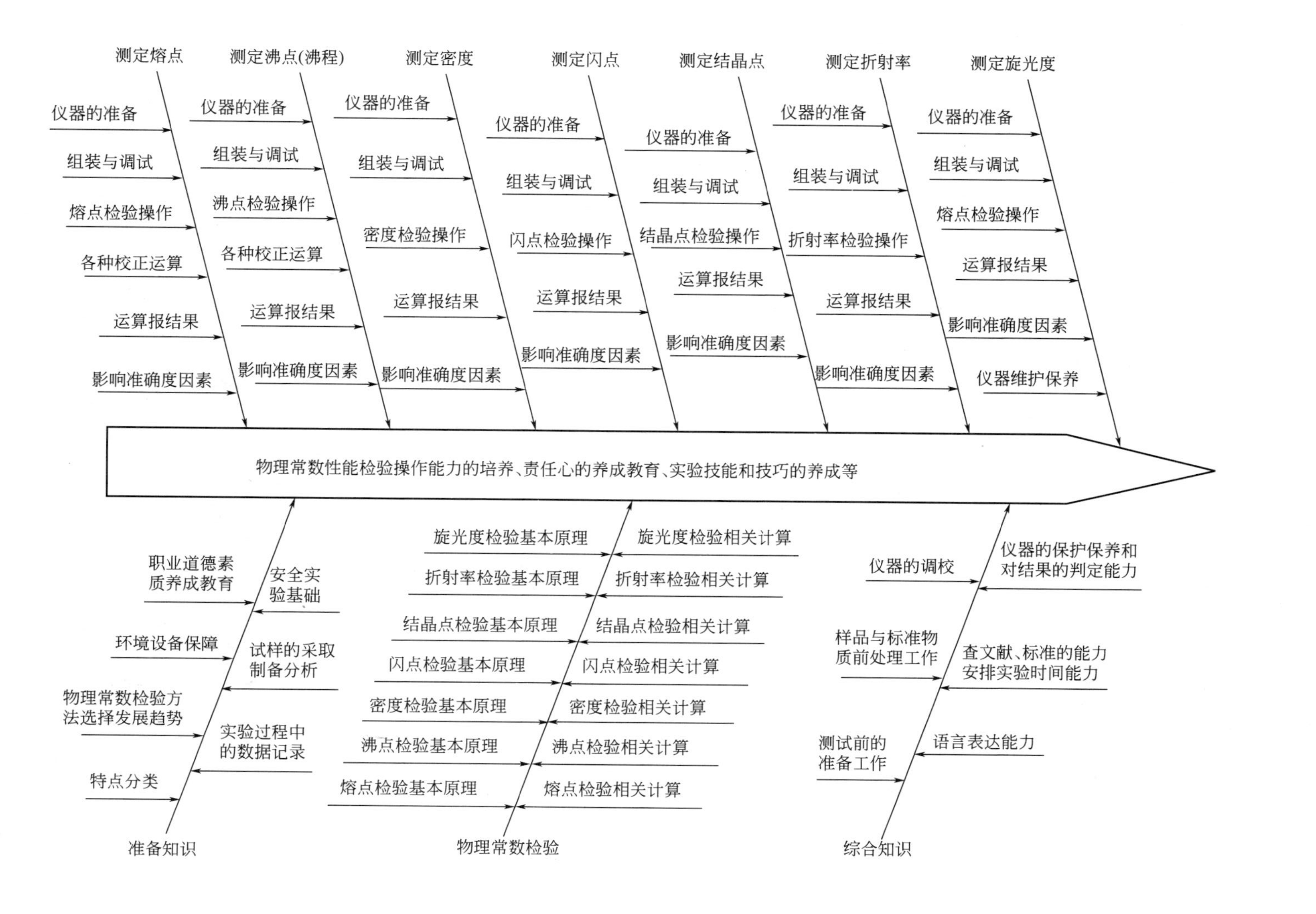

测定熔点
仪器的准备
组装与调试
熔点检验操作
各种校正运算
运算报结果
影响准确度因素
测定沸点(沸程)
仪器的准备
组装与调试
沸点检验操作
各种校正运算
运算报结果
影响准确度因素
测定密度
仪器的准备
组装与调试
密度检验操作
运算报结果
影响准确度因素
测定闪点
仪器的准备
组装与调试
闪点检验操作
运算报结果
影响准确度因素
测定结晶点
仪器的准备
组装与调试
结晶点检验操作
运算报结果
影响准确度因素
测定折射率
仪器的准备
组装与调试
折射率检验操作
运算报结果
影响准确度因素
测定旋光度
仪器的准备
组装与调试
熔点检验操作
运算报结果
影响准确度因素
仪器维护保养
物理常数性能检验操作能力的培养、责任心的养成教育、实验技能和技巧的养成等
职业道德素质养成教育
安全实验基础
环境设备保障
试样的采取制备分析
物理常数检验方法选择发展趋势
实验过程中的数据记录
特点分类
准备知识
旋光度检验基本原理
旋光度检验相关计算
折射率检验基本原理
折射率检验相关计算
结晶点检验基本原理
结晶点检验相关计算
闪点检验基本原理
闪点检验相关计算
密度检验基本原理
密度检验相关计算
沸点检验基本原理
沸点检验相关计算
熔点检验基本原理
熔点检验相关计算
物理常数检验
仪器的调校
仪器的保护保养和对结果的判定能力
样品与标准物质前处理工作
查文献、标准的能力安排实验时间能力
测试前的准备工作
语言表达能力
综合知识

目录

1 熔点的测定

本章要点：

1）了解测定熔点的意义；

2）学会组装和使用毛细管测定熔点的装置，掌握毛细管法测定熔点的操作方法；

3）掌握温度计外露段的校正方法。

1.1 工业背景和测定原理

1.1.1 概述

（1）熔点测定的意义

熔点是晶体物质的重要物理常数之一。晶体物质又分为晶体有机物和晶体无机物。根据样品性质可分为不带结晶水的、带结晶水的、易升华的晶体物质；根据稳定性又可分为在空气中稳定的与不稳定的两种。通过测定化合物的熔点，可以定性检验化合物，了解其分子结构的特征，也可以初步判断化合物的纯度。

（2）熔点的定义

熔点是固液两相在101.325kPa下平衡共存时的温度。

物质开始熔化至全部熔化的温度范围，叫做熔点范围或熔程。

纯物质固、液两态之间的变化是非常敏感的，自初熔至全熔，温度变化不超过0.5～1℃。混有杂质时，熔点一般会下降，熔程显著增大。

测定熔点常用的方法有毛细管法和显微熔点法等。毛细管熔点测定法是最常用的基本方法。它具有操作方便，装置简单的特点，目前实验室较常用此法。

（3）熔点与分子结构的关系

熔点与分子结构的关系可以归纳为以下经验规律。

1）同系物中，熔点随相对分子质量的增大而增高。但是，有几种情况应该注意：

① 在含多元极性官能团的同系列化合物中，—CH_2—基增多，熔点反而相对降低。这是由于极性基团之间有较强的作用力，引入—CH_2—原子团后，相对分子质量虽然增大，但却减弱了这种作用力。

② 随着碳链的增长，特性官能团的影响效应逐渐减弱，所以在同系列中高级成员的熔点趋近于同一极限。

③ 有些同系列，例如二元脂肪族羧酸、二酰胺、二羟醇、烃基代丙二酸及酯等类化合物中，随着相对分子质量的增大熔点有交替上升的现象。一般含偶数碳原子的较高，含奇数碳原子的较低。

2）分子中引入能形成氢键的官能团后，熔点也会升高，形成氢键的机会愈多，熔点愈高。所以羧酸、醇、胺等总是比其母体烃的熔点高。

3）分子结构愈对称，愈有利排成有规则的晶格，有更大的晶格力，所以熔点愈高。

1.1.2 熔点测定原理

以加热的方式，使熔点管中的样品从低于其初熔时的温度逐渐升温至其终熔时的温度，通过目视观察毛细管中试样的熔化情况，当试样出现明显的局部液化现象时的温度为初熔点，试样全部熔化时的温度为终熔点。以初、终熔温度确定样品的熔点范围。

1.1.3 技能训练要点

（1）技能要求

能正确使用熔点测定装置（毛细管法），在3h内完成测定；能对测定结果进行校正，按要求进行熔点校正。

（2）操作要点

观察仔细、认真；装样要均匀密实；控制好升温速度。

（3）安全要求

水银温度计切忌破坏。正确使用有机载热体，安全使用易燃有机物。安全使用煤气。

1.2 仪器与试剂

1.2.1 测定装置

常用的毛细管熔点测定装置有双浴式和提勒管式两种，如图1-1所示。

1）毛细管（熔点管） 用中性硬质玻璃制成的毛细管，一端熔封，内径0.9～1.1mm，壁厚0.10～0.15mm，长度约为100mm。

2）温度计 测量温度计（主温度计）单球内标式，分度值为0.1℃，并具有适当的量程。辅助温度计分度值为1℃，并具有适当的量程。

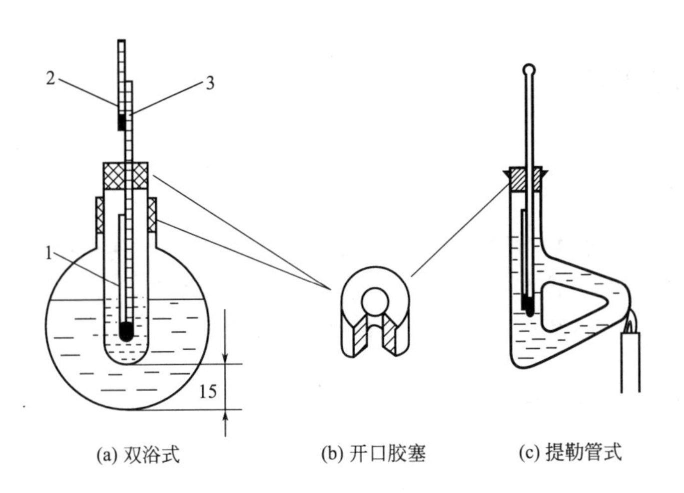

图 1-1　熔点测定装置

1—毛细管；2—辅助温度计；3—测量温度计

3）热浴

① 提勒管热浴：提勒管的支管有利于载热体受热时在支管内产生对流循环，使得整个管内的载热体能保持相当均匀的温度分布。

② 双浴式热浴：采用双载热体加热，具有加热均匀，容易控制加热速度的优点，是目前一般实验室测定熔点常用的装置。

1.2.2　安装要点

1）熔点测定装置中使用的胶塞，均须开有出气槽，严禁在密闭体系中加热。

2）内浴试管距烧瓶底部距离 15mm。

3）装置中温度计水银球应位于 b 形管上、下两支管口之中部。

4）b 形管中装入加入液体，高度达上支管处即可，不能加得过满，以免加热时溢出。

1.2.3　仪器与试剂清单

仪器	数量	仪器/试剂	数量
圆底烧瓶(250ml)	1 只	酒精灯或煤气灯	1 个
精密温度计(100～150℃，分度值 0.1℃)	1 支	玻璃钉	1 根
辅助温度计(0～100℃)	1 支	尿素(AR，m. p. =135℃)	少量
试管(口径 30mm，长度 100mm)	1 支	苯甲酸(AR，m. p. =122.4℃)	少量
熔点管	10 支	未知样	少量
表面皿	4 块	甘油或液体石蜡(cp)	约 170mL

1.3 测定操作

1.3.1 测定方法

加热升温，使载热体温度上升，通过载热体将热量传递给试样，当温度上升至接近试样熔点时，控制升温速率，观察试样的熔化情况，当试样开始熔化时，记录初熔温度，当试样完全熔化时，记录终熔温度。

1.3.2 测定实训操作步骤

1）安装测定装置：将烧瓶，试管及温度计以橡皮塞连接，并将其固定于铁架台上。烧瓶中注入约 3/4 的甘油，并向试管注入适量的甘油，使其液面在同一平面上。

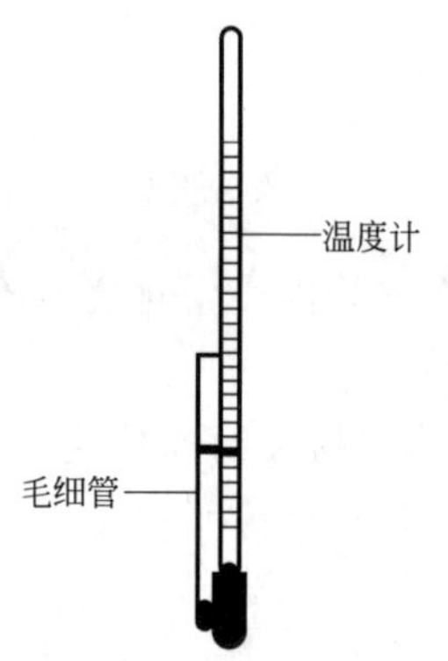

图 1-2　毛细管固定于温度计

2）装样：取干燥的尿素、苯甲酸和未知样各少量，分别放在干净的表面皿上用玻璃钉碾细。尿素和苯甲酸各装两支毛细管，未知样装三支毛细管，其余毛细管备用。将试样放入清洁、干燥、一端封口的毛细管中，将毛细管开口端插入粉末中，取一支长约 800mm 的干燥玻璃管，直立于玻璃板上，将装有试样的熔点管在其中投入数次，直到熔点管内样品紧缩至 2～3mm 高。如所测的是易分解或易脱水样品，应将熔点管另一端熔封。将装好样品的熔点管按图 1-2 所示附在内标式单球温度计上（使试样层面与内标式单球温度计的水银球中部在同一高度）。

3）预测定：用酒精灯或电炉加热圆底烧瓶，开始时升温可稍快，控制升温速度不超过 5℃/min，观察毛细管中试样的熔化情况，记录试样完全熔化时的温度，作为试样的粗熔点。

4）另取一支毛细管，按上述方法填装好试样，待热浴冷却至粗熔点下 20℃时，放于测定装置中。将辅助温度计附于内标式温度计上，使其水银球位于内标式温度计水银柱外露段的中部。

5）加热升温，当液体温度升至比样品熔点低 10℃时，停止加热。将装有样品的毛细管缚在温度计上并插入试管中。继续加热，控制升速（1.0±0.1)℃/min。如所测的是易分解或易脱水样品，则升温速率应保持在样品 3℃/min。开始熔化前有“收缩”、“长毛”等预兆，此时须严密注视样品熔化情况及温度计读数。当试样出现明显的局部液化现象时的温度即为初熔温度，当试样完全熔化时的温度即为全熔温度。记录初熔和全熔时的温度，一般纯物质的熔程应在0.5～1.0℃以内。

测熔点时，每个样品至少测定2次，2次数据的误差不应大于0.3℃，否则应再测第3次。每次测定完后，应将传热液冷却至样品熔点10℃以下，才能装入新的毛细管并开始操作。

测定未知样品时，第一次可快速升温，大致确定熔点温度，其后两次再精确测定。

6）根据下式对熔点测定值进行校正

$$\Delta t_2 = 0.00016(t_1 - t_2)h$$

$$t = t_1 + \Delta t_1 + \Delta t_2$$

式中　t——试样的校正熔点,℃；

t_1——熔点的测定值,℃；

Δt_1——内标式温度计示值校正值,℃；

Δt_2——内标式温度计水银柱外露段校正值,℃；

h——内标式温度计水银柱外露段的高度，以温度值为计量单位；

t_2——辅助温度计的读数,℃。

1.3.3　熔点的校正

熔点测定值是通过温度计直接读取的，温度读数的准确与否，是影响熔点测定准确度的关键因素。在测定熔点时，必须对熔点测定值进行温度校正。

（1）温度计示值校正

用于测定的温度计，使用前必须用标准温度计进行示值误差的校正。方法是：将测定温度计和标准温度计的水银球对齐并列放入同一热浴中，缓慢升温，每隔一定读数同时记录两种温度计的数值，作出升温校正曲线；然后缓慢降温，制得降温校正曲线。若两条曲线重合，说明校正过程正确，此曲线即为温度计校正曲线。校正曲线如图1-3所示，在此曲线上可以查得测定温度计的示值校正值t_1，对温度计示值进行校正。

（2）温度计水银柱外露段校正

在测定熔点时，若使用的是全浸式温度计，那么露在载热体表面上的一段水银柱，由于受空气冷却影响，所示出的数值一定比实际上应该具有的数值为低。这种误差在测定100℃以下的熔点时是不大的，但是在测定200℃以上的熔点时，可大到3～6℃，对于这种由温度计水银柱外露段所引起的误差的校正值可用下式来计算

$$\Delta t_2 = 0.00016(t_1 - t_2)h$$

式中　0.00016——玻璃与水银膨胀系数的差值；

t_1——主温度计读数；

t_2——水银柱外露段的平均温度，由辅助温度计读出（辅助温度计的水银球应位于主温度计水银柱外露段的中部）；

h——主温度计水银柱外露段的高度（用度数表示）。

校正后的熔点 t 应为 $t=t_1+\Delta t_1+\Delta t_2$

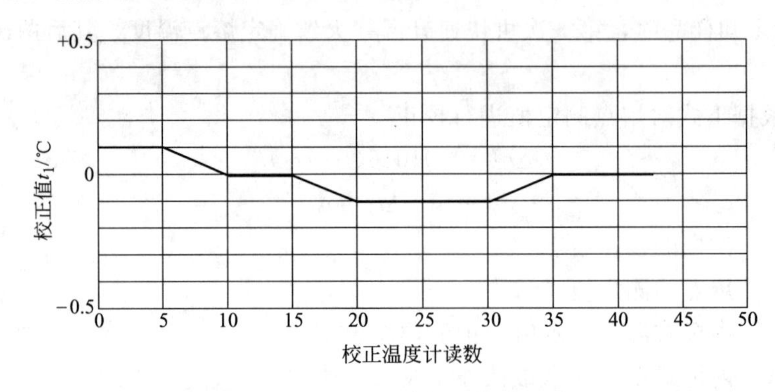

图 1-3　温度计校正曲线

1.4　数据记录与处理

（1）数据记录

将各项实验数据填入下表中。

样品	测量温度计读数		平均值 t_1	辅助温度计读数	平均值 t_2	露颈 h
苯甲酸	第一次					
	第二次					
尿素	第一次					
	第二次					
未知样	第一次					
	第二次					

（2）数据处理

熔点校正，将结果填入下表中。

样品	实测熔点（平均）	校正熔点	文献值
苯甲酸			
尿素			
未知样			

1.5　熔点测定注意事项

1）控制升温速度是本实验取得成功的关键因素，当温度接近熔点时，升温速度愈慢，愈能保证有充分的时间让热量由毛细管外传至管内，样品的熔化过程愈明显，读数误差才愈小。在测定过程中要控制好升温速度，不宜过快或过慢。升温太快往往会使测出的熔点偏高；升温速度愈慢，温度计读数愈准确，但对于易分解和易脱水的试样，升温速度太慢，会使熔点偏低。

2）样品均匀性和研细的程度影响测定结果，装样前试样一定要研细，装入的试样量不能过多，否则熔距会增大或结果偏高；试样一定要装紧，疏松会使测定结果偏低；装好样品的毛细管要在升温中途距熔点 10℃时放入装置中，这时一定要注意温度是否还在上升，要防止温度过高而导致实验失败。

3）熔点管（即毛细管）内装入试样的量，装入 2mm 高度和 3mm 高度结果可能有差距。2mm 的初熔点低，但熔点范围窄；3mm 的初熔点高，但熔点范围宽。

4）升温速率 0.9℃/min，熔点范围窄；升温速率 1.1℃/min，熔点范围宽。当液体温度升至比样品熔点低 10℃时，应停止加热。将装有样品的毛细管缚在温度计上并插入试管中。继续加热，控制升速（1.0±0.1)℃/min。样品开始熔化前有“收缩”、“长毛”等预兆，此时需严密注视样品熔化情况及温度计读数。

5）在 70～150℃内熔点范围测定较好掌握，因为这个条件下传热体散热慢，升温测定的速率较好控制。200℃以下（150℃以上）稍难控制升温的速率。在 250℃则难控制升温速率（由于传热液体散热快）另外传热液体很易生色，又会影响熔点管内试样的现测。

6）测定用的毛细管内壁要清洁、干燥，否则测出的熔点会偏低，并使熔距变宽，在熔封毛细管时应注意不要将底部熔结太厚，但要密封。不能用已测定过熔点的毛细管冷却后再测第二次。这是由于有机物容易受热分解，有些物质还会转变成具有不同熔点的其他晶型，所以用过的毛细管只能弃之。

7）实验结束后，热的温度计不可马上用冷水冲洗，否则易破裂。

1.6　实训要求

1）测熔点时，每个样品至少测定 2 次，2 次数据不应大于 0.3℃，否则应再测第 3 次。每次测定完后，应将传热液冷却至样品熔点 10℃以下，才能装入新的毛细管并开始操作。

测定未知样品时，第一次可快速升温，大致确定熔点温度，其后两次再精确

测定。

2）评价标准：熟练掌握毛细管法测定熔点的方法，在3h内完成测定，达到规定的要求，并按要求进行熔点校正。

思考题

1. 在测定熔点的过程中，为什么温度接近熔点，升温速度要慢？
2. 测定熔点范围要做哪些温度校正？
3. 从测定看，不同温度区测定熔点范围有什么不同？还有什么条件影响测定结果？
4. 用已测定过熔点的毛细管冷却后再次测定，可以节约时间和材料，这样做可以吗？
5. 用毛细管测定熔点时，下述情况将会导致什么结果？

(1) 升温太快；
(2) 样品未干燥或含有不熔杂质；
(3) 熔点管不洁净或太粗；
(4) 熔点管底部未完全封闭；
(5) 样品碾得不细或装得不紧。

2 沸程的测定

本章要点：

1）了解测定沸程的意义；

2）学会组装和使用蒸馏装置；

3）掌握蒸馏法测定有机物沸程的操作方法。

2.1 工业背景和测定原理

2.1.1 概述

（1）沸程测定的意义

沸程是液态化合物的一个重要物理常数，通过测定试样的沸程，可以初步判断化合物的纯度，评定产品等级。

（2）沸程的定义

沸程是液体在规定条件下（1013.25hPa，0℃）蒸馏，第一滴馏出物从冷凝管末端落下的瞬间温度（初馏点）至蒸馏瓶底最后一滴液体蒸发瞬间的温度（终馏点）间隔。

实际应用中习惯不要求蒸干，而是规定从一个初馏点到终馏点的温度范围，在此范围内，馏出物的体积应不小于产品标准的规定，例如98%。对于纯化合物，其沸程一般不超过1～2℃，若含有杂质则沸程会增大。由于形成共沸物，有时沸程小的，不一定就是纯物质。

2.1.2 沸程测定原理

在规定条件下，对100mL试样进行蒸馏，观察初馏温度和终馏温度。也可规定一定的馏出体积，测定对应的温度范围或在规定的温度范围测定馏出的体积。

2.1.3 技能训练要点

（1）技能要求

能正确安装和使用沸程测定装置，在3h内完成沸程的测定，并按要求进行校正；能熟练、准确地测定试样的沸程（蒸馏法）。

（2）安全要求

防止蒸馏过程中的暴沸现象；防止冷凝管、接收器爆裂；安全用电。

2.2 仪器与试剂

2.2.1 测定装置

测定沸程的标准化蒸馏装置如图 2-1 所示。

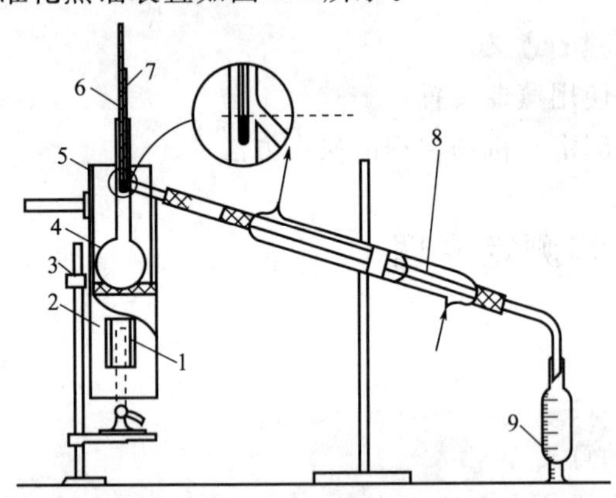

图 2-1 测定沸程蒸馏装置

1—热源；2—热源的金属外罩；3—接合装置；4—支管蒸馏瓶；5—蒸馏瓶的金属外罩
6—温度计；7—辅助温度计；8—冷凝器；9—量筒

1）支管蒸馏瓶用硅硼酸盐玻璃制成，有效容积 100mL。

2）测量水银单球内标式，分度值为 0.1℃，量程适合于所测样品的温度范围。

3）辅助温度计分度值为 1℃。

4）冷凝管 直型水冷凝管，用硅硼酸盐玻璃制成。

5）接收器 容积为 100mL，两端分度值为 0.5mL。

2.2.2 仪器与试剂清单

支管蒸馏瓶
测量温度计,内标式单球温度计,分度值 0.1℃
辅助温度计,分度值为 1℃
冷凝管
接收器
电加热套(500mL)500W
乙醇等

2.3 测定操作

2.3.1 测定实训操作步骤

1）按图 2-1 所示安装蒸馏装置。使测量温度计水银球上端与蒸馏瓶和支管接合部的下沿保持水平（图 2-1）。

2）用接收器量取（100±1)mL 的试样，将样品全部转移至蒸馏瓶中，加入几粒清洁、干燥的沸石，装好温度计，将接收器（不必经过干燥）置于冷凝管下端，使冷凝管口进入接收器部分不少于 25mm，也不低于 100mL 刻度线，接收器口塞以棉塞，并确保向冷凝管稳定地提供冷却水。

3）调节蒸馏速度，对于沸程温度低于 100℃的试样，应使自加热起至第一滴冷凝液滴入接收器的时间为 5～10min；对于沸程温度高于 100℃的试样，上述时间应控制在 10～15min，然后将蒸馏速度控制在 3～4mL/min。

4）记录规定馏出物体积对应的沸程温度或规定沸程温度范围内的馏出物的体积。

5）记录室温及气压。

6）对测定结果进行温度、压力校正。

2.3.2 沸程的校正

（1）气压计读数校正

所谓标准大气压是指：重力加速度为 980.665cm/s²、温度为 0℃时，760mmHg 作用于海平面上的压力，其数值为 101325Pa＝1013.25hPa。

在观测大气压时，由于受地理位置和气象条件的影响，往往和标准大气压规定的条件不相符合，为了使所得结果具有可比性，由气压计测得的读数，除按仪器说明书的要求进行示值校正外，还必须进行温度校正和纬度重力校正。

$$P = P_t - \Delta P_1 + \Delta P_2$$

式中 P——经校正后的气压，hPa；

P_t——室温时的气压（经气压计器差校正的测得值），hPa；

ΔP_1——由室温换算成 0℃气压校正值（即温度校正值），hPa；

ΔP_2——纬度重力校正值，hPa。

（其中 P_1、P_2 由气压计读数校正值表和纬度校正值表查得）

（2）气压对沸程的校正

沸程随气压的变化值按下式计算

$$\Delta t_p = CV(1013.25 - P)$$

式中 Δt_p——沸程随气压的变化值,℃；

CV——沸程随气压的变化率（由沸程温度随气压的变化的校正值表查得),℃・hPa^{-1}；

P——经校正的气压值，hPa。

（3）温度计水银柱外露段的校正

温度计水银柱外露段的校正可按下式进行计算

$$\Delta t_2 = 0.00016h(t_1 - t_2)$$

校正后的沸程按下式计算

$$t = t_1 + \Delta t_1 + \Delta t_2 + \Delta t_p$$

式中 t_1——试样的沸程的测定值,℃;

t_2——辅助温度计读数,℃;

Δt_1——温度计示值的校正值,℃;

Δt_2——温度计水银柱外露段校正值,℃;

Δt_p——沸程随气压的变化值,℃。

2.4 数据记录与处理

(1) 数据记录

室温__________大气压__________

样品	测量温度计读数 t_1	辅助温度计读数 t_2	气压计读数 P_t	室温 /℃	露颈 h
乙醇					
未知样					

(2) 数据处理

进行沸程校正,将结果填入下表中。

样品	实测沸程/℃	校正沸程/℃	文献值沸程/℃
乙醇			
未知样			

2.5 沸程测定注意事项

1) 蒸馏应在通风良好的通风橱内进行。

2) 用接收器量取 (100±1)mL 样品。若样品的沸程温度范围下限低于 80℃,则应在 5～10℃的温度下量取样品及测量馏出物体积(将接收器距顶端 25mm 处以下浸入 5～10℃的水浴中);若样品的沸程温度范围下限高于 80℃,则在常温下量取样品及测量馏出液体积;上述测量均采用水冷。若样品的沸程范围上限高于 150℃,则应采用空气冷凝管,在常温下量取样品及测量馏出液体积。

3) 化学试剂沸程测定使用的仪器与化工产品有 3 个不同。

① 测量温度计（即化工产品的主温度计）使用水银单球内标式，其水银柱外有真空隔热层。化工用的是棒状、双水银球温度计。

② 冷凝管：化学试剂标准明确空气冷凝管不设冷凝水套管（用于测沸程高的产品）。

③ 化学试剂标准接收器两端分度值为 0.5mL，化工产品用的接收器上中下分度值相同。

4）在测定上化学试剂与化工产品有 5 个不同。

① 化学试剂要求先做各项校正，即把产品标准规格要求的温度，先用实验室测定温度、大气压、纬度、温度计本身和其外露段各条件校正到标准状态的温度，然后用校正后的温度进行测定。化工产品的校正式为 $t=t_1+C+\Delta t_1+\Delta t_2$；在化学试剂中校正式应为 $t_1=t-C-\Delta t_1-\Delta t_2$。在化学试剂与化工产品两个计算式中的区别见下表。

标准 / 表示项	化工产品	化学试剂
t/℃	各项校正后的温度	规格要求温度
t_1/℃	未校正的观测温度	把规格温度校正到标准状态的温度

② 气压对沸程温度的校正有差异。化学试剂在所有沸程给定范围内；化工产品在每个标准中作具体规定，既考虑了产品间不同，又考虑了不同大气压范围对沸程温度的影响。

③ 观测内容不同。化学试剂用其上下两端分度值准至 0.5mL 的接收器，测量比规格下限低的低沸物和比规格上限高的高沸物，要求其和（高、低沸物）不多于规格要求值。如规格要求正沸点物为≥95%，即高、低沸物之和不大于 5%。化工产品测定的是初馏点，干点和沸程。

④ 冷凝管应用方法不同。由于化学试剂沸程测定范围比化工产品宽，在冷凝管使用上有所不同，沸程高于 150℃时要使用空气冷凝管；低温时用水冷；高温时为避免支管蒸馏瓶散热而影响测定，应把它用石棉布包起来。

⑤ 测定低沸物热源不同。化学试剂 GB/T 615 规定，当样品沸程下限温度低于 80℃时应除去外罩用水浴加热，水浴液面应始终不超过样品液面。化工产品测低沸物时用酒精灯作热源。

5）化学试剂产品测沸程时要求控制好加热条件，使试液从开始加热至有第一滴馏出物的时间，对沸点在 100℃以下产品为 5～10min；沸点高于 100℃产品为 10～15min。然后把蒸馏速率控制在（3～4）mL/min，不要求蒸干。但当试样无高沸物时（高于规格上限物质），测定会蒸馏至干。当试样有高沸物物质时，在测量达到规格上限后，可以不再蒸馏。

思考题

1. 化学试剂产品测沸程时怎样要求蒸馏的速率？要求蒸干吗？
2. 在测定上化学试剂与化工产品有什么不同？
3. 化学试剂沸程测定使用的仪器与化工产品有什么不同？
4. 液体试样的沸程很窄是否能确定它是纯化合物？为什么？
5. 简述沸程测定时加沸石的作用。如开始未加沸石，在液体沸腾后能否补加？为什么？

3 折射率的测定

本章要点：

1）熟悉阿贝折射仪的构造，掌握阿贝折射仪的使用和测定有机物折射率的操作方法；

2）了解阿贝折射仪的维护和保养方法。

3.1 工业背景和测定原理

折射率（折光率）是一种常用的物理常数，通过测定试样的折射率，能够鉴定未知样品及其纯度。

3.1.1 基本概念

（1）折射现象

光线由一种透明介质进入另一种透明介质时，由于传播速度改变而使光线的传播方向发生改变，这种现象称为光的折射现象。

（2）折射率的定义

在钠光谱D线、20℃的条件下，空气中的光速与被测物中的光速之比值；或光自空气通过被测物时的入射角的正弦与折射角的正弦之比值。

$$n=\frac{V_1}{V_2}=\frac{\sin i}{\sin r}$$

式中 n——待测介质的折射率；

V_1——光在空气中的速度；

V_2——光在待测介质中的速度；

i——光的入射角；

r——光的折射角。

说明：某一特定介质的折射率随测定时的温度和入射光的波长不同而改变。随温度的升高，物质的折射率降低，一般温度升高1℃，折射率大约降低$4\times10^{-4}\sim5\times10^{-4}$。

3.1.2 折射率测定原理

当光从折射率为n的被测物质进入折射率为N的棱镜时，入射角为i，折射

角为 r，则

$$\frac{\sin i}{\sin r}=\frac{N}{n}$$

在阿贝尔折射仪中，入射角 $i=90°$，代入上式得

$$\frac{1}{\sin r}=\frac{N}{n}$$

$$n=N\sin r$$

棱镜的折射率 N 为已知值，则通过测量折射角 r 即可求出被测物质的折射率 n。

3.1.3 技能训练要点

能正确使用阿贝折射仪；在 3 小时内完成测定；
能熟练、准确地测定折射率。

3.2 仪器与试剂

3.2.1 阿贝折射仪的构造

阿贝折射仪是测定液体折射率最常用的仪器。通常配有一台超级恒温水浴一起使用。如图 3-1 所示，阿贝折射仪的主要组成部分是两块直角棱镜，上面一块

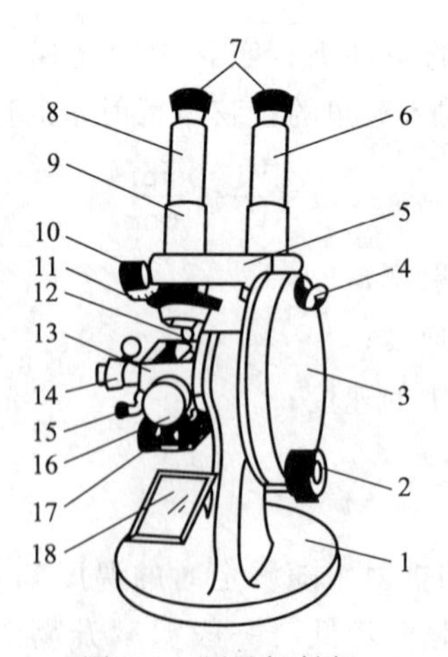

图 3-1 阿贝折射仪

1—底座；2—棱镜调节旋钮；3—圆盘组（内有刻度板）；4—小反光镜；5—支架；6—读数镜筒；7—目镜；8—观察镜筒；9—分界线调节螺丝；10—消色调节旋钮；11—色散刻度尺；12—棱镜锁紧扳手；13—棱镜组；14—温度计插座；15—恒温器接头；16—保护罩；17—主轴；18—反光镜

是光滑的，下面一块的表面是磨砂的。左面有一个镜筒和刻度盘，上面刻有1.3000～1.7000的格子。右面也有一个镜筒，是测量望远镜，用来观察折光情况。光线由反射镜反射入下面的棱镜，发生漫射，以不同入射角射入两个棱镜之间的液层，然后再射到上面棱镜的光滑表面上，由于它的折射率很高，一部分光线可以再经折射进入空气而到达测量望远镜，另一部分光线则发生全反射。调节旋钮使测量望远镜中的视场如图3-2所示，此时可从左面的读数镜中直接读出折射率。

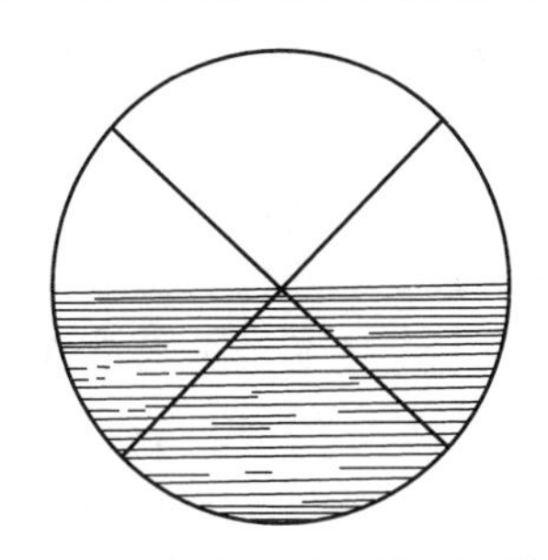

图3-2　阿贝折射仪在临界角时目镜视野图

3.2.2　仪器与试剂清单

阿贝折射仪	1台	镜头纸或医用棉
超级恒温水浴	1台	重蒸馏水
乙醇AR（95%）		丙酮
蔗糖溶液（10%）		1,2-二氯乙烷（AR）

3.3　测定操作

3.3.1　测定实训操作步骤

1）将恒温槽与棱镜连接，调节恒温槽的温度，使棱镜温度保持在（20.0±0.1)℃。

2）用蒸馏水或标准玻璃块校正折射仪。

松开锁钮，开启下面棱镜，滴1～2滴丙酮或乙醇于镜面上。合上棱镜，过1～2min后打开棱镜，用丝巾或擦镜纸轻轻擦洗镜面（注意：不能用滤纸擦）。待镜面干净后用二级蒸馏水校正。

用重蒸馏水依上述方法清洗镜面2次，滴1～2滴重蒸馏水于镜面上，关紧棱镜，转动左手刻度盘，使读数镜内标尺读数等于重蒸馏水的折射率，调节反射镜，使测量望远镜中的视场最亮。调节测量镜，使视场最清晰。转动消色调节器。消除色散，使明暗交界和“×”字中心对齐，校正完毕。

3）配制样品：取7只滴瓶，贴上标号及浓度，以每瓶总量50mL计，分别配制组成为0、20%、40%、60%、80%和100%的丙酮和1,2-二氯乙烷溶液（以丙酮的体积分数计），在第7只瓶中装入重蒸馏水。

4）在每次测定前都应清洗棱镜表面。如无特殊说明，可用适当的易挥发性溶剂清洗棱镜表面，再用镜头纸或药棉将溶剂吸干。

5）用滴管向棱镜表面滴加数滴20℃左右的样品，立即闭合棱镜并旋紧，应使样品均匀、无气泡，待棱镜温度计读数恢复到（20.0±0.1）℃。

6）调节反光镜使视场中出现明暗分界线，调节色散手轮，使色散消失。再调节棱镜手轮，使明暗分界线与交叉中心重合。

7）读取折射率值，读至小数点后四位。

8）以同样的程序测定其他五个样品及蔗糖溶液（10%）。注意：每个样品至少测定2次。最后取2次测定数值的平均值记入表格。

9）结束工作　全部样品测定完成后，再用丙酮将镜面清洗干净，并用擦镜纸将镜面擦干。最后将金属套中的水放尽，拆下温度计放在纸套中，将仪器擦干净，放入盒中。

3.3.2 注意事项

1）样品注入棱镜时，切勿使滴管接触棱镜，以防划伤棱镜。

2）装入样品时，滴加量要适合，太少会产生气泡，过多又会溢出沾污仪器。

3）仪器使用完毕要立即清洗。

4）折射率随介质的性质和密度、光线的波长、温度的不同而变化。

3.4 数据记录与处理

（1）数据记录

将实验测定的折射率数据记入下表中。

测定温度________℃

溶液组成	0	20%	40%	60%	80%	100%	未知物
折射率							

（2）作图

以已知组分溶液的组成为横坐标，以折射率为纵坐标，在作图纸上绘制折光曲线。

3.5 实训要求

1）本实训中所用的待测样品系列可由教师指导学生统一配制。

2）记录折射率时，应估读至小数点后第四位。

3）阿贝折射仪的量程是1.3000～1.7000的色浅、透明液体有机产品，精密度为±0.0001，测量时应注意保温套温度是否正确，如欲测准至±0.0001，则温度应控制在±0.1℃的范围内。

4）试样加入量是几滴，不要少加，以免生成气泡，会影响测定；也不要过多加，因它会溢出而污染仪器。对易挥发产品要求测定快，必要时，由测定仪器斜缝处加试样。

思考题

1. 什么是折射率？折射率的数值与哪些条件有关？方法的测定范围是多少？
2. 通过本实训，请总结一下折射率的测定可以有哪些应用？
3. 折射仪如何校正？
4. 测定折射率时，试样加入量和易挥发产品应注意什么？

4 比旋光度的测定

本章要点：

1）掌握旋光仪的使用方法和测定有机物比旋光度的操作；

2）了解旋光仪的维护与保养方法。

4.1 工业背景和测定原理

旋光本领是一种常用的物理常数，通过测定试样的旋光度，计算其旋光本领，能够鉴定未知样品及其纯度，并可测定其含量和溶液的浓度。

4.1.1 基本概念

（1）自然光和偏振光

自然光的光波在一切可能的平面内振动，当它通过尼科尔棱镜时，透过棱镜的光线只限在一个平面内振动，这种光称为偏振光，偏振光的振动平面叫做偏振面。自然光、偏振光如图 4-1 所示。

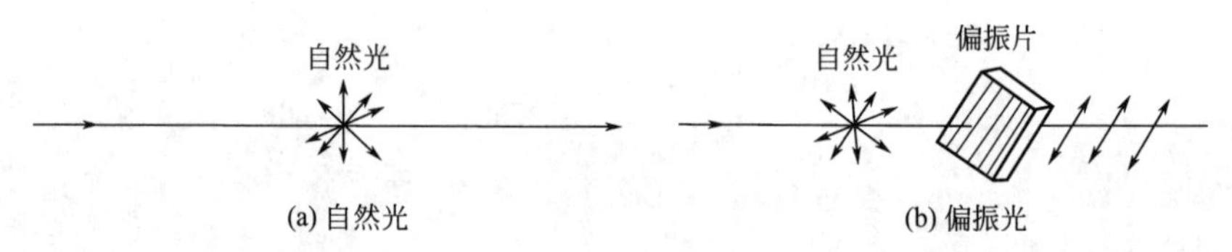

图 4-1　自然光、偏振光示意图

（2）旋光现象与旋光度

当偏振光通过具有旋光活性的物质或溶液时，偏振面旋转了一定的角度即出现旋光现象。能使偏振光的偏振面向右（顺时针方向）旋转叫做右旋，以（+）号表示；能使偏振光的偏振面向左（逆时针方向）旋转叫做左旋，以（-）号表示。旋光现象如图 4-2 所示。

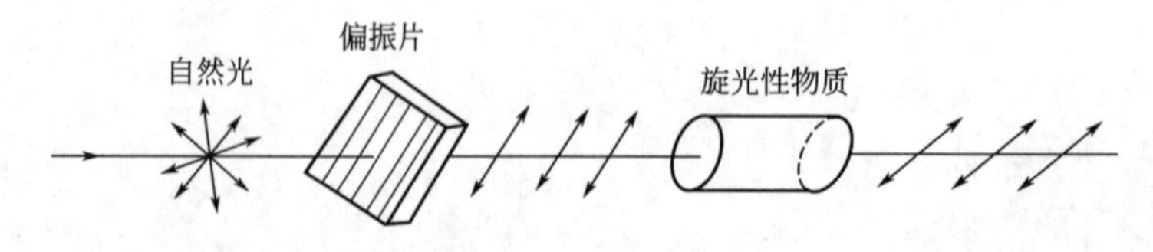

图 4-2　旋光现象

（3）旋光度

当偏振光通过旋光性物质的溶液时，偏振面所旋转的角度叫做该物质的旋光度，单位为“°”。

（4）旋光本领

由于物质的旋光度的大小受诸多因素的影响，所以旋光度不能准确地表示物质的旋光性的大小，故采用旋光本领来表示。

旋光本领是指以钠光 D 线为光源，在温度 20℃时，偏振光透过每毫升含 1g 旋光物质厚度为 1dm 的溶液时的旋光度，用符号 $[\alpha]_D^{20}$ 表示。

纯液体的旋光本领 $$[\alpha]_D^{20}=\frac{\alpha}{L\rho}$$

溶液的旋光本领 $$[\alpha]_D^{20}=\frac{\alpha}{LC}$$

式中 α——测得的旋光度，(°)；

ρ——液体在 20℃时的密度，g/mL；

C——每毫升溶液中含旋光活性物质的质量，g；

L——旋光管的长度（即液层的厚度），dm；

20——测定时的温度，℃。

测得旋光性物质的旋光度后，可以根据上述公式计算试样的旋光本领，与标准旋光本领比较，进行定性鉴定。也可根据试样的标准旋光本领测定旋光性物质的纯度或溶液的浓度。

溶液浓度 $$C=\frac{\alpha}{L\times[\alpha]_D^{20}}$$

$$物质的纯度=\frac{\alpha\times V}{L\times[\alpha]_D^{20}\times m}\times 100\%$$

式中 α——测得的旋光度，(°)；

$[\alpha]_D^{20}$——试样的标准旋光本领，(°)；

L——旋光管的长度（即液层厚度），dm；

V——试样溶液的体积，mL；

m——试样的质量，g。

4.1.2 影响旋光度大小的因素

1）旋光性物质的分子结构特征。

2）入射偏振光的波长。

3）测定时的温度。

4）旋光性物质溶液的浓度。

5）液层的厚度。

6）溶剂。

4.1.3 技能训练要点

WXG-4 型旋光仪的构造和使用方法；测定旋光本领。

（1）评价标准

3h 内完成测定，并达到标准规定的允差。

（2）专项能力培训目标

通过此专项能力的学习，应该掌握：

1）知识 自然光、偏振光的基本概念；旋光度、旋光本领的定义；旋光仪的构造及使用方法；测定旋光度、旋光本领的基本原理和方法；旋光本领的计算方法。

2）技能 能正确使用旋光仪；能熟练、准确地测定旋光本领。

（3）操作考核评定方法

通过学习和自测后，认为已能达到本专项能力的培训要求，可参加专项能力的技能操作考核，考核成绩由指导教师认定。

能熟练使用完成本专项能力所需的仪器、设备、试剂，完成规定的测试任务。

4.2 仪器与试剂

4.2.1 旋光仪的构造和工作原理

旋光仪的型号很多，常用的是国内生产的 WXG 型半荫式旋光仪，其外形和构造如图 4-3 和图 4-4 所示。

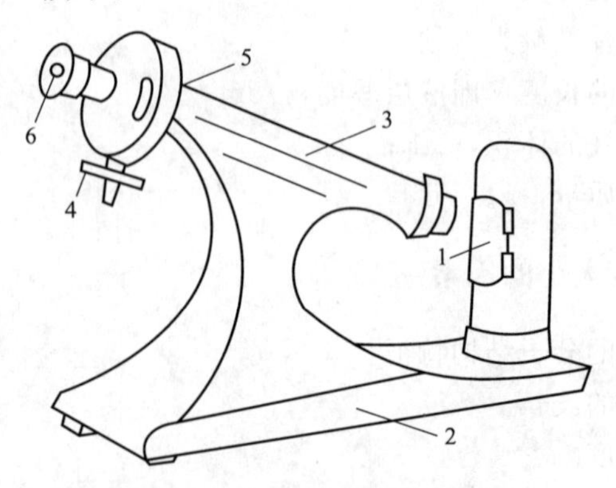

图 4-3 WXG-4 型旋光仪

1—钠光源；2—支座；3—旋光管；4—刻度盘转动手轮；5—刻度盘；6—目镜

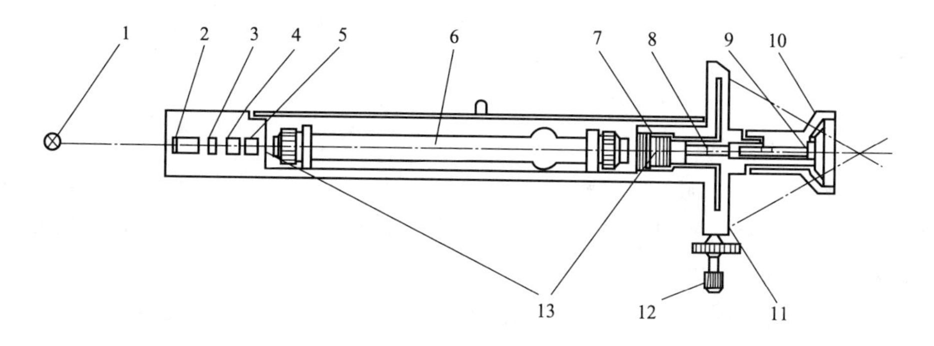

图 4-4　旋光仪的构造

1—光源（钠光）；2—聚光镜；3—滤色镜；4—起偏镜；5—半荫片；6—旋光管；7—检偏镜；8—物镜；9—目镜；10—放大镜；11—刻度盘；12—刻度盘手轮；13—保护片

如图 4-4 所示，光线从光源（1）投射到聚光镜（2）、滤色镜（3）、起偏镜（4）后，变成平面直线偏振光，再经半荫片（5），视场中出现了三分视界。旋光物质盛入旋光管（6）放人镜筒测定，由于溶液具有旋光性，故把平面偏振光旋转了一个角度，通过检偏镜（7）起分析作用，从目镜（9）中观察，就能看到中间亮（或暗）左右暗（或亮）的照度不等三分视场，转动刻度盘手轮（12），带动刻度盘（11），检偏镜（7），觅得视场照度（暗视场）相一致时为止。然后从放大镜中读出刻度盘旋转的角度。

旋光仪光学系统如图 4-5 所示。

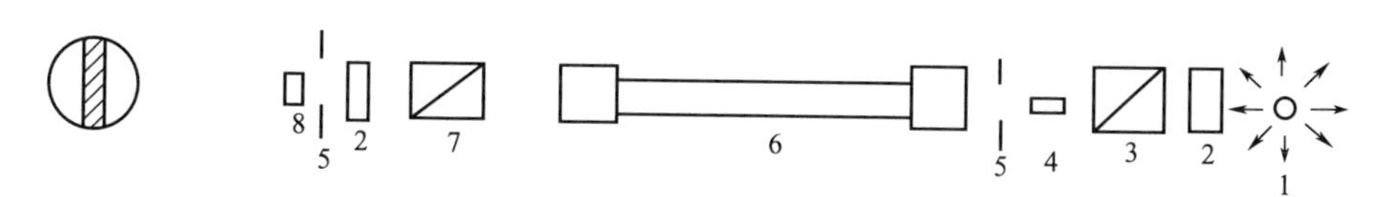

图 4-5　旋光仪光学系统

1—光源；2—透镜；3—起偏镜；4—石英片；5—光栏；6—旋光管；7—检偏镜；8—目镜

4.2.2　仪器与试剂清单

旋光仪	1 台	秒表	1 块
烧杯（100mL）	2 个	精密天平	1 台
容量瓶（100mL）	1 个	葡萄糖（AR）	2g

试剂：葡萄糖溶液或蔗糖；氨水（液）CP。

试样：准确称量 2g 葡萄糖，放入 150mL 烧杯中加 50mL H_2O＋0.2mL $NH_3 \cdot H_2O$ 溶解，放置 30min，定容 100.0mL，摇均备用。

4.3 测定操作

(1) 仪器零点的校正

将旋光仪接通电源，打开电源开关，稳定5min以上。取一支旋光管，用蒸馏水冲洗干净，然后在其中装满蒸馏水，旋紧螺帽（不能有气泡），并将旋光管两端擦干，放入旋光仪中测定。

转动刻度盘，使目镜中三分视场消失（全暗），记录此时刻度盘读数，作为蒸馏水（溶剂）的校正值（一般此值仅为0°～1°，若数值太大，说明仪器需要校准，不宜使用）。

(2) 测定

用少量试样溶液洗涤2～3次旋光管，然后在旋光管中装满待测样，旋紧螺帽，不使管中有气泡，用吸水纸擦净旋光管两端后放入镜筒内，转动手轮使刻度盘缓缓转动至三分视野亮度一致记下读数，以后每隔10min记录一次，准确至0.05，重复三次取平均值。

使用WZZ—2A型数显旋光仪时，应注意使用方法：先将旋光管装满蒸馏水，擦净；打开电源预热20分钟，依次打开光源，测量，清零旋钮，再将旋光管里的蒸馏水倒掉，装满试样，按复测旋钮，读数，重复三次取平均值。

(3) 结束工作

全部测定工作完成后，将所用仪器清洗干净并放入指定位置。最后关闭旋光仪电源。

(4) 仪器的保养方法

1）仪器应放在空气流通和温度适宜的地方，以免光学零部件、偏振片受潮发霉及性能衰退。

2）钠光管使用时间不宜超过4h，长时间使用应用电风扇吹风或关熄10～15min，待冷却后再使用。灯管如遇有只发红光不能发黄光时，往往是因输入电压过低（不到220V）所致，这时应设法升高电压到220V左右。

3）旋光管使用后，应及时用水或蒸馏水洗净，并干燥。

4）镜片不能用不洁或硬质的布、纸去擦，以免划伤镜片。

5）仪器不用时，应将仪器放入箱内或用塑料罩罩上，以防灰尘侵入。

6）仪器、钠光灯管、试管等装箱时，应按规定位置放置，以免压碎。

7）切勿随便拆动，以免由于不懂装校方法而无法装校好。遇有故障或损坏，应及时送制造厂或修理厂整修，以保持仪器的使用寿命和测定准确度。

4.4 数据记录与处理

将实验所得的旋光度数据代入下式计算比旋光度，然后列表或作图表示实验结果。

$$[\alpha]_D^{20}=(100\alpha)/(LC)$$

测定温度＿＿＿＿＿＿溶液浓度/(g/100mL)

时间/s								
旋光度 α								
比旋光度$[\alpha]_D^{20}$								

4.5 注意事项

1）本实训在室温下测定，因此葡萄糖水溶液最终的比旋光度随测定温度的不同而有所变化。

2）由于葡萄糖在水溶液状态下很快发生互变异构并导致变旋光现象，所以葡萄糖水溶液需现配现测，间隔时间尽可能缩短。

3）比旋光度测定的准确度与其比旋光度大小有关系，还与测定时试样浓度等条件有关。C 增大，α 也增大，但这个线性范围很窄，所以测定时一定要使用标准规定的浓度。

4）不论是校正仪器零点还是测定试样，旋转刻度盘只能是极其缓慢的，否则就观察不到视场亮度的变化，通常零点校正的绝对值在1°以内。

5）如不知试样的旋光性时，应先确定其旋光性方向后，再进行测定。此外，试液必须清晰透明，如出现浑浊或悬浮物时，必须处理成清液后测定。

思考题

1. 在本实训中，取用葡萄糖的量多少是否会影响实训结果？
2. 旋光管中若有气泡存在，是否会影响测定结果？
3. 测定比旋光度时，浓度影响大吗？

5 黏度的测定

本章要点：

1）掌握毛细管黏度计法、旋转黏度计测定黏度的方法；

2）熟悉黏度测定原理及其在实际中的应用；

3）会使用平氏黏度计。

5.1 工业背景和测定原理

5.1.1 概述

黏度是流体的重要物理性质之一，它的定义是：流体内部产生的阻碍外力作用下的流动或运动的特性。黏度是液体的内摩擦，是一层液体对另一层液体作相对运动的阻力。黏度通常分为绝对黏度（动力黏度）、运动黏度和条件黏度。

流体黏度产生的根本原因是，当流体受外力作用产生流动时，首先必须克服流体分子内部的分子间作用力，这种分子间作用力的方向是与流体的流动方向相反，因此它就相当于流体内部的一种摩擦力。黏度的数值就是流体分子间摩擦作用的量度。摩擦力越大，黏度越高。

黏度的大小与流体的温度有关，液体的黏度随温度升高而减小，气体黏度随温度升高而增大。压力变化时，液体的黏度基本不变，气体的黏度随压力增加而增大得很少。因此，在一般情况下可以忽略压力对黏度的影响，只有在极高或极低的压力下，才需要考虑压力对气体黏度的影响。

所谓动力黏度（也称绝对黏度）是流体在一定的剪切应力作用下流动时内摩擦阻力的量度，是描述黏滞性质的一个物理常数，单位为 Pa·s。

所谓运动黏度是流体在重力作用下流动时内摩擦力的量度，单位为 m^2/s。

所谓条件黏度是在规定条件下，在特定的黏度计中，一定量液体流出的时间（s）或是此流出时间与在同一仪器中，规定温度下的另一种标准液体（通常是水）流出的时间之比。根据所用仪器和条件的不同，条件黏度通常有以下几种如恩氏黏度、赛氏黏度、雷氏黏度等。

目前，常用的黏度测定方法主要有三种，即毛细管法、旋转法和落球法。

5.1.2 毛细管黏度计及其测定原理

通过毛细管法可以测定试样的运动黏度。经过此专项能力的培养，能掌握黏度、运动黏度的定义，了解毛细管黏度计的构造、测定原理，掌握测定运动黏度的原理及方法，并学会使用毛细管黏度计，测定试样的运动黏度。

运动黏度是液体的绝对黏度与同一温度下的液体密度之比。

$$\nu=\frac{\eta}{\rho}$$

运动黏度单位为 m^2/s，若采用厘米克秒制为 cm^2/s（沲），1 沲等于 100 厘沲。上式中 η 为绝对黏度，ρ 为液体密度。

应用毛细管法可以测定试样的运动黏度。

在一定温度下，当液体由已被液体完全润湿的毛细管中流动时，其运动黏度与流动时间成正比。如用已知运动黏度 $\nu_t^{标}$ 的液体为标准，测其在毛细管中流动的时间 $\tau_t^{标}$，再用该黏度计测量样品在其中的流动时间 $\tau_t^{样}$，即可用下式计算样品的运动黏度 $\nu_t^{样}$。

$$\nu_t^{样}=\frac{\nu_t^{标}}{\tau_t^{标}}\tau_t^{样}$$

对某一毛细管黏度计来说$\frac{\nu_t^{标}}{\tau_t^{标}}$值为一常数，称该黏度计的黏度计常数。（一般在毛细管黏度计上都注明），测出在指定温度下试样流出毛细管 V 体积所需的时间 $\tau_t^{样}$，即可得到该试液的运动黏度。

5.1.3 旋转黏度计及其测定原理

通过旋转法可以测定试样的动力黏度。经过此专项能力的培养，能掌握黏度、动力黏度的定义，了解旋转黏度计的构造、测定原理，掌握测定动力黏度的原理及方法，并学会使用旋转黏度计，测定试样的动力黏度。

（1）绝对黏度

绝对黏度（又称动力黏度）是指当两个面积为 $1m^2$，垂直距离为 1m 的相邻液层，以 1m/s 的速度作相对运动时所产生的内摩擦力，常用 η 表示。当内摩擦力为 1N 时，则该液体的黏度为 1，其法定计量单位为 Pa·s（即 $N\cdot s/m^2$）。非法定计量单位为 P（泊）或 cP（厘泊）。它们之间的关系为：1.0Pa·s＝10P＝1000cP。在温度 t℃时的绝对黏度用 η_t 表示。

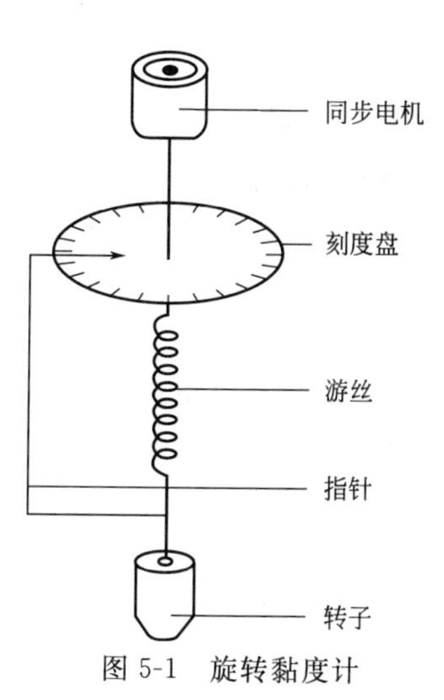

图 5-1　旋转黏度计

（2）旋转法测定黏度的原理

如图 5-1 所示，将特定的转子浸于被测液体中作恒速旋转运动，使液体接受转子与容器壁面之间发生的切应力，维持这种运动所需的扭力矩由指针

显示读数，根据此读数 a 和系数 K 可求得试样的绝对黏度（动力黏度）：$\eta = Ka$

5.1.4 技能训练要点

（1）毛细管黏度计测定黏度

SYD-265C 型运动黏度测定器的构造和使用方法；测定运动黏度。

1）知识　黏度、运动黏度的定义；毛细管黏度计的构造及使用方法；测定运动黏度的基本原理和方法；运动黏度的计算方法。

2）技能　能正确使用毛细管黏度计（运动黏度测定器）；能熟练、准确地测定运动黏度。

3）操作考核评定方法　通过学习和自测后，认为已能达到本专项能力的培训要求，可参加专项能力的技能操作考核，考核成绩由指导教师认定。能熟练使用完成本专项能力所需的仪器、设备、试剂，完成规定的测试任务。

4）评价标准：3h 内完成测定，并达到标准规定的允差。

（2）旋转法测定黏度

旋转黏度计的构造和使用方法；测定动力黏度。

1）知识　黏度、动力黏度的定义；旋转黏度计的构造及使用方法；测定动力黏度的基本原理和方法；动力黏度的计算方法。

2）技能　能正确使用旋转黏度计；能熟练、准确地测定动力黏度。

3）评价标准　3h 内完成测定，并达到标准规定的允差。

5.2 仪器

5.2.1 毛细管黏度计

（1）仪器构造

毛细管黏度计的种类很多，结构如图 5-2 所示。以下各类黏度计测定的黏度范围在 4×10^{-4}～16Pa·s 之间。它们适用于测低黏度液体及高分子物质的黏度。其最大优点是结构简单，价格低廉，样品用量少，测定精度高。

毛细管内径分别为 0.4、0.6、0.8、1.0、1.2、1.5、2.0、2.5、3.0、3.5、4.0、5.0、6.0（单位：mm）。13 支为一组。

（2）选择原则

按试样运动黏度的值选用其中 1 支，使试液流出时间在 120～480s 范围内。（在 0℃及更低温度下试验高黏度的润滑油时，流出时间可增至 900s；在 20℃试验液体燃料时，流出时间可减少 60s。）

（3）恒温水浴

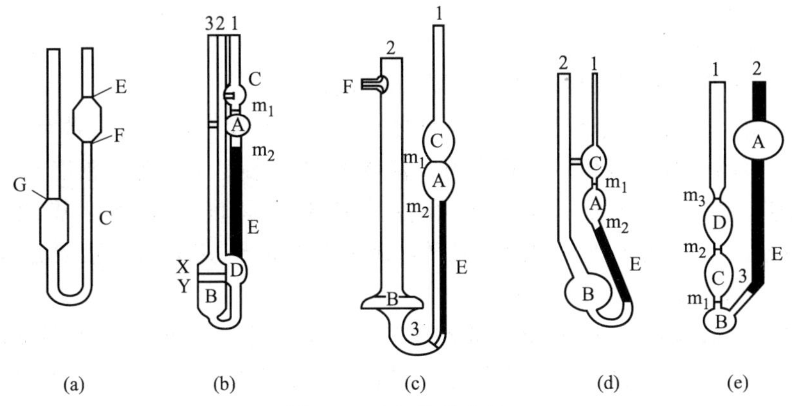

图 5-2　毛细管黏度计

（a）奥氏黏度计：G、E、F-刻线；C-毛细管

（b）乌氏黏度计：X、Y、m_1、m_2-刻线；E-毛细管；B、D-储器；A、C-球体

（c）平氏黏度计：m_1、m_2-刻线；A、C-球体，B-储器；E-毛细管

（d）芬氏黏度计：A、B、C-球体；m_1、m_2-刻线；E-毛细管

（e）逆流黏度计：m_1、m_2、m_3-刻线；A、B、C、D-球体；E-毛细管

带有透明壁或观察孔，其高度不小于 180mm，容积不小于 2L。另附有自动搅拌器及自动控温仪。恒温浴液可按规定的温度不同选用适当的液体。

5.2.2　旋转黏度计

旋转黏度计有多种型号，主要分为指针式和数字式两大类，均可直接从仪器上读出黏度值，现以上海天平仪器厂生产的 NDJ-5S 型数字式黏度计为例，说明

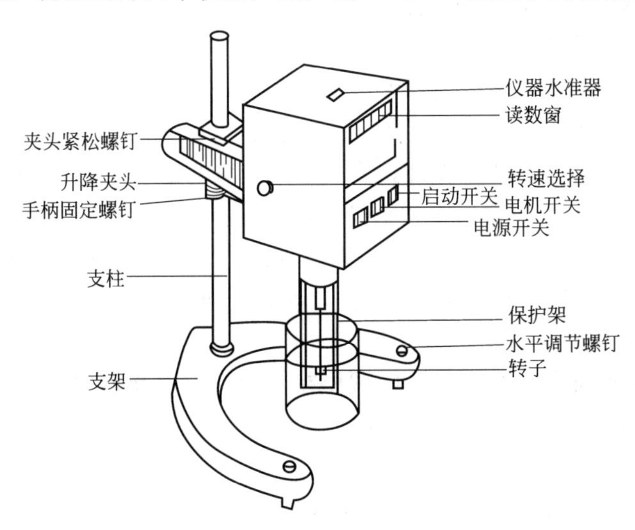

图 5-3　NDJ-5S 型数字式黏度计

黏度计的测定原理。

（1）性能及用途

NDJ-5S 型数字式黏度计外形如图 5-3 所示。

该黏度计具有结构小巧，抗干扰性能好，测量精度高，黏度值数字显示稳定等特点。可用于测量液体的黏性阻力及液体的绝对黏度（即动力黏度）。使用于测定油脂、油漆、食品、胶黏剂等各种流体的黏度。其测量范围为 10～10^5mPa·s，配有大小不同的四种转子，测量误差为±0.5%（牛顿型流体）。

（2）测定原理

同步电机以稳定的速度旋转带动传感器片，再通过游丝和转轴带动转子旋转。如果转子未受到液体的阻力作用，游丝传感器连接片与同步电机的传感器连片将在同一位置。反之，如果转子受到液体的黏滞阻力抗衡，最后达到平衡。这时通过光电传感器并由单片机进行数据处理，最后显示出液体的黏度值。

5.3 测定操作

5.3.1 毛细管黏度计测定运动黏度

（1）操作步骤

1）选取一支适当内径的平氏黏度计 ϕ0.8。

2）在黏度计上套一橡皮管，用胶塞塞住管口。

3）倒转黏度计，将管身插入试样烧杯中，自橡皮管用洗耳球将液体吸至标线 b，然后捏紧橡皮管，取出黏度计，倒转过来。

4）擦净管身外壁后，取下橡皮管，并将此橡皮管套在管身上。

5）将黏度计直立放入恒温器中，调节管身使其下部浸入浴液，扩大部分必须浸入一半。

6）在黏度计旁边放置温度计，使其水银泡与毛细管的中心在同一水平面上。

7）温度调至 20℃，在此温度保持 10min。

8）用洗耳球将液体吸至标线 m_1 以上少许，取下洗耳球，使液体自动流下，注意观察液面，当液面至标线 m_1 时按动秒表，液面流至标线 m_2 时按停秒表。记录流动时间。

9）秒表始数与末数的差值，即试样在毛细管内的流动时间。温度在全部实训时间内保持不变。

（2）注意事项

1）黏度计用轻质油洗涤。若有污垢，用铬酸洗液然后用自来水再用蒸馏水再用乙醇依次洗涤、干燥，不能烘干或烤干。

2）在测定过程中，毛细管黏度计内的试样不得产生气泡或空隙，否则气泡会影响体积，而且进入毛细管后可能形成气塞，使流动时间拖长，造成误差。实验作废应重做。

3）黏度计在取样或使用中注意一侧用力，不得两侧同时受力，必须使双手的力作用在一根管上，否则毛细管将会被断开。注意保护黏度计。

4）秒表的使用应熟练，准确记录流动时间。应学会使用秒表。

5）黏度测定应在恒温条件下，温度可用冰块或热水调节。

6）黏度样品在使用后应重新回收。注意保护好黏度系数表。

7）将温度计放入恒温浴中必须直立，才能保持静压力不变。

8）必须控制在20℃恒温浴中进行，因黏度随温度升高而减小，随温度下降而增大，所以要恒温在20℃，否则会使测定结果误差太大。

5.3.2 动力黏度的测定

（1）操作步骤

1）先大约估计被测试液的黏度范围，然后根据仪器的量程表选择适当的转子和转速，使读数在刻度盘的20%～80%范围内。

2）把保护架装在仪器上。将选好的洁净的转子旋入连接螺杆。旋转升降旋钮，使仪器缓慢下降，转子逐渐浸入被测试液中，直至转子液位标线和液面相平为止。

3）将测试容器中的试样和转子恒温至（20±0.5）℃，并保持试样温度均匀。

4）调整仪器水平，按下指针控制杆，开启电机开关，转动转速选择旋钮，使所需的转速数对准速度指示点，放松指针控制杆，让转子在被测液体中旋转。待指针趋于稳定，按下指针控制杆，使读数固定下来，再关闭电源，使指针停在读数窗内，读取读数。（若指针不停在读数窗内，可继续按住指针控制杆反复开启和关闭电源，使指针停于读数窗内，读取读数。）

5）重复测定两次，取其平均值。根据所选的转子和转速由仪器的系数表查得系数K，由下式计算试液的动力黏度

$$\eta = Ka$$

式中　η——试液的动力黏度，mPa·s；

K——系数；

a——指针所指的读数。

（2）注意事项

1）装卸转子时应小心操作，装拆时应将连接螺杆微微抬起进行操作，不要用力过大，不要使转子横向受力，以免转子弯曲。

2）不得在未按下指针控制杆时开动电机，一定要在电机运转时变换转速。

3）每次使用完毕应及时清洗转子（不要在仪器上清洗转子），清洁后要妥善安放于转子中。

5.4 数据记录

黏度系数 K：　　溶液浓度 C：　　实验温度 T：

试样流出时间 试样	1	2	3	平均值	黏度

思考题

1. 什么是黏度？黏度测定主要用了哪类产品？
2. 黏度测定常采用几种方法？
3. 运动黏度与绝对黏度的关系是什么？简述毛细管黏度计法测定运动黏度的原理。

6 沸点的测定

本章要点：

1）掌握毛细管法测定有机物沸点的操作；

2）掌握气压对沸点影响校正的方法。

6.1 工业背景和测定原理

沸点是液态化合物的一个重要物理常数，通过测定试样的沸点，可以定性检验化合物，评定产品等级，也可以初步判断化合物的纯度。

6.1.1 基本概念

（1）沸点的定义

液体温度升高时，它的蒸气压也随之增加，当液体的蒸气压与大气压力相等时，开始沸腾。通常沸点是指大气压力为1013.25hPa时液体沸腾的温度。

沸点是检验液体有机化合物纯度的标志，纯物质在一定的压力下有恒定的沸点，但应注意，有时几种化合物由于形成恒沸物，也会有固定的沸点。例如，乙醇95.6%和水4.4%混合，形成沸点为78.2℃的恒沸混合物。

（2）沸点与分子结构的关系

沸点的高低在一定程度上反映了有机化合物在液态时分子间作用力的大小。分子间作用力与化合物的偶极矩、极化度、氢键等有关。这些因素的影响，可以归纳为以下的经验规律。

1）在脂肪族化合物的异构体中，直链异构体比有侧链的异构体的沸点高，侧链愈多，沸点愈低。

2）在醇、卤代物、硝基化合物的异构体中，伯异构体沸点最高，仲异构体次之，叔异构体最低。

3）在顺反异构体中，顺式异构体有较大的偶极矩，其沸点比反式高。

4）在多双键的化合物中，有共轭双键的化合物有较高的沸点。

5）卤代烃、醇、醛、酮、酸的沸点比相应的烃高。

6）在同系列中，相对分子质量增大，沸点增高，但递增值逐渐减小。

6.1.2 测定沸点的原理

当液体温度升高时，其蒸气压随之增加，当液体的蒸气压与大气压力相等时，开始沸腾。在标准状态下（1013.25hPa，0℃）液体的沸腾温度即为该液体的沸点。

取适量的试样注入试管中（其液面略低于烧瓶中载热体的液面），缓慢加热，当温度上升到某一数值并在相当时间内保持不变时，此时的温度即为试样的沸点。

6.1.3 技能训练要点

沸点测定装置的安装和使用方法；测定沸点的操作方法。

(1) 专项能力目标

1) 知识　沸点的基本定义；测定沸点的原理及方法（常量法）；沸点的校正方法；沸点与分子结构的关系。

2) 技能　正确安装和使用沸点测定装置；熟练、准确地测定试样的沸点（常量法）。

(2) 难点

升温速度的控制。

(3) 安全

水银温度计切忌破坏；

煤气的安全使用；

正确使用有机载热体，防止有机物的燃烧。

6.2 仪器试剂

圆底烧瓶（250mL，直径80mm，颈长20～30mm，口径30mm）

内标式单球温度计，分度值0.1℃（测量温度计）

辅助温度计，100℃，分度值1℃

缺口胶塞

试管（长100～110mm，直径20mm）

沸点管外管（直径3～4mm，长70～80mm）

毛细管（一端封口，内径1mm，管壁厚0.15mm，长100mm）

酒精灯或煤气灯

试样：甘油、乙醇

6.3 测定操作

6.3.1 安装测定装置

如图6-1所示。三口圆底烧瓶容积为500mL。试管长190～200mm，距试管口约 15mm 处有一直径为 2mm 的侧孔。胶塞外侧具有出气槽。主温度计为内标式单球温度计，分度值为 0.1℃，量程适合于所测样品的沸点温度。辅助温度计分度值为 1℃。

装置的安装：将烧瓶，试管及温度计以橡皮塞连接，并将其固定于铁架台上。烧瓶中注入约 3/4 的甘油，并向试管注入适量的甘油，使其液面在同一平面上。

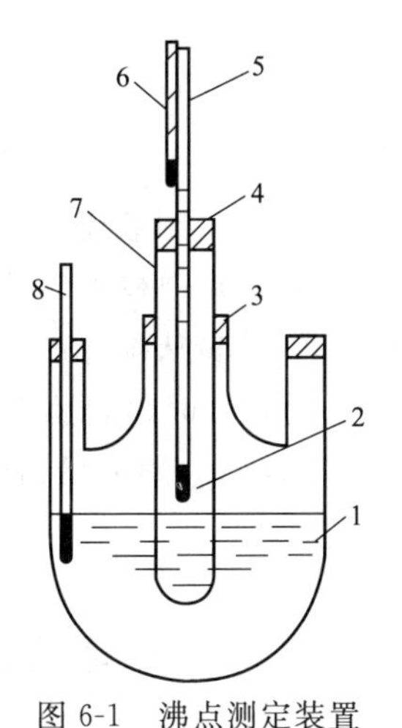

图 6-1　沸点测定装置

1—三口圆底烧瓶；2—试管；3，4—胶塞；5—测量温度计；6—辅助温度计；7—侧孔；8—温度计

6.3.2　测定实训操作步骤

注入 1～2 滴（0.3～0.5mL）试样于沸点管外管中，将沸点管内管封口向上（开口端向下）插入外管中，用橡皮圈将装好样的沸点管附着于测量温度计旁，使沸点管底部与单球温度计水银球中部在同一高度。

然后将单球温度计固定于试管中，不可碰到管壁或管底，置于热浴中，用煤气灯或酒精灯缓缓加热圆底烧瓶至有一连串小气泡快速从沸点管内管逸出，气泡流动快而连续，停止加热，移去火源，将辅助温度计附着于单球温度计上，使其水银球位于单球温度计露出橡皮塞的水银柱中部。辅助温度计的水银球位置应随测量温度计水银柱的上升或下降而改变。

让浴温自行冷却，气泡逸出速度因冷却而逐渐减慢，在气泡不再从沸点内管逸出而液体刚要进入沸点管的瞬间（即最后一个气泡刚欲缩回至内管中时），表明毛细管内蒸汽压等于外界大气压，此时温度即为试样的沸点。

记录室温及气压。

6.3.3　结果处理

沸点测定后，应对读数值作如下校正。

（1）气压对沸点影响的校正

按下式计算出 0℃的大气压

$$P_0 = P_1 - \Delta P_1 + \Delta P_2$$

式中　P_0——0℃时的气压，Pa；

P_1——室温时的气压，Pa；

ΔP_1——由室温换算成 0℃气压校正值，Pa，由本章附表 1 查出。

ΔP_2——纬度重力校正，Pa，由本章附表 2 查出。

（2）测量单球温度计水银柱露出橡皮塞上部分校正值（Δt_2）

$$\Delta t_2 = 0.00016h(t_1 - t_2)$$

式中 h——测量温度计露出橡皮塞上部的水银柱高度，以温度值为单位计量，℃；

t_1——测得的沸点，℃；

t_2——附着于1/2h处的辅助温度计的读数，℃。

经（1）项校正后的温度 Δt_1（根据0℃气压与标准气压之差数及标准中规定的沸点温度从附表1、附表3查出相应的温度校正值 Δt_1，当0℃和高于1013.25hPa时，自测得温度加上此校正值，反之则减。）加上 Δt_2 和温度计本身的校正值 Δt_3 即可得到试样的沸点温度。

$$t=t_1+\Delta t_1+\Delta t_2+\Delta t_3$$

6.4 注意事项及讨论

1）沸点测定的影响因素如下。

杂质的影响：试样中混入杂质（水分，灰尘或其他物质）时，沸程增大。纯物质在一定压力下有恒定的沸点，其沸程（沸点范围）一般不超过1～2℃。

恒沸混合物也有固定的沸点，因此，沸程小的，未必就是纯物质。

试样的填装：试样装入前毛细管必须洁净干燥。

升温速度的影响：升温速度不宜过快或过慢。

2）测定时注意，加热不可过剧，否则液体迅速蒸发至干无法测定；但必须将试样加热至沸点温度以上再停止加热，若在沸点以下就移去热源，液体就会立即进入毛细管内，这是由于管内集积的蒸汽压小于大气压的缘故。

3）热浴装置选择的要求是加热要均匀、升温速度容易控制。采用提勒管和双浴式热浴。

4）沸点测定的方法主要有毛细管法（微量法）和常量法测沸点等。

5）微量法的优点是很少量试样就能满足测定的要求。主要缺点是要求试样具备一定纯度才能测得准确值。如果试样含少量易挥发杂质，则所得的沸点值偏低。

6.5 数据记录与处理

（1）数据记录

样品	测量温度计读数 t_1	辅助温度计读数 t_2	气压计读数 p_t	室温/℃	露颈 h
乙醇					
未知样					

（2）结果处理

进行沸点校正，将结果填入下表中

样品	实测沸点/℃	校正沸点/℃	文献值沸点/℃
乙醇			
未知样			

6.6 实训要求

（1）应具备的知识

沸点的定义，沸点与分子结构的关系，载热体的特性与使用温度，沸点的测定原理、方法及校正方法。

（2）应达到的技能

正确安装测定沸点的装置，正确测定沸点，并对测定结果进行校正。

（3）考核标准

熟练掌握沸点的测定方法，正确使用沸点测定装置。在3h内正确完成测定，并对测定结果进行校正。

（4）教学建议

1）最好是让操作不规范的学生作演示，其他同学帮助找毛病，找的好的、找的多的（如找到三项以上）学生，可以加分，这样可调动学生的学习积极性，同时操作也更加规范。

2）本实训重点考核学生：控温操作；对沸点的判断。

3）对沸点测定结果的校正。

思考题

1. 何为沸点？
2. 沸点测定的方法主要有那些？
3. 热浴选择的要求及装置？
4. 微量法的优缺点是什么？

附表1　气压计读数校正值

室温/℃	气压计读数/hPa							
	925	950	975	1000	1025	1050	1075	1100
10	1.51	1.55	1.59	1.63	1.67	1.71	1.75	1.79
11	1.66	1.70	1.75	1.79	1.84	1.88	1.93	1.97
12	1.81	1.86	1.90	1.95	2.00	2.05	2.10	2.15

续表

室温/℃	气压计读数/hPa							
	925	950	975	1000	1025	1050	1075	1100
13	1.96	2.01	2.06	2.12	2.17	2.22	2.28	2.33
14	2.11	2.16	2.22	2.28	2.34	2.39	2.45	2.51
15	2.26	2.32	2.38	2.44	2.50	2.56	2.63	2.69
16	2.41	2.47	2.54	2.60	2.67	2.73	2.80	2.87
17	2.56	2.63	2.70	2.77	2.83	2.90	2.97	3.04
18	2.71	2.78	2.85	2.93	3.00	3.07	3.15	3.22
19	2.86	2.93	3.01	3.09	3.17	3.25	3.32	3.40
20	3.01	3.09	3.17	3.25	3.33	3.42	3.50	3.58
21	3.16	3.24	3.33	3.41	3.50	3.59	3.67	3.76
22	3.31	3.40	3.49	3.58	3.67	3.76	3.85	3.94
23	3.46	3.55	3.65	3.74	3.83	3.93	4.02	4.12
24	3.61	3.71	3.81	3.90	4.00	4.10	4.20	4.29
25	3.76	3.86	3.96	4.06	4.17	4.27	4.37	4.47
26	3.91	4.01	4.12	4.23	4.33	4.44	4.55	4.66
27	4.06	4.17	4.28	4.39	4.50	4.61	4.72	4.83
28	4.21	4.32	4.44	4.55	4.66	4.78	4.89	5.01
29	4.36	4.47	4.59	4.71	4.83	4.95	5.07	5.19
30	4.51	4.63	4.75	4.87	5.00	5.12	5.24	5.37
31	4.66	4.79	4.91	5.04	5.16	5.29	5.41	5.54
32	4.81	4.94	5.07	5.20	5.33	5.46	5.59	5.72
33	4.96	5.09	5.23	5.36	5.49	5.63	5.76	5.90
34	5.11	5.25	5.38	5.52	5.66	5.80	5.94	6.07
35	5.26	5.40	5.54	5.68	5.82	5.97	6.11	6.25

附表 2　纬度校正值

纬度/度	气压计读数/hPa							
	925	950	975	1000	1025	1050	1075	1100
0	−2.18	−2.55	−2.62	−2.69	−2.76	−2.83	−2.90	−2.97
5	−2.14	−2.51	−2.57	−2.64	−2.71	−2.77	−2.81	−2.91
10	−2.35	−2.41	−2.47	−2.53	−2.59	−2.65	−2.71	−2.77
15	−2.16	−2.22	−2.28	−2.34	−2.39	−2.45	−2.54	−2.57
20	−1.92	−1.97	−2.02	−2.07	−2.12	−2.17	−2.23	−2.28

续表

纬度/度	气压计读数/hPa							
	925	950	975	1000	1025	1050	1075	1100
25	−1.61	−1.66	−1.70	−1.75	−1.79	−1.84	−1.89	−1.94
30	−1.27	−1.30	−1.33	−1.37	−1.40	−1.44	−1.48	−1.52
35	−0.89	−0.91	−0.93	−0.95	−0.97	−0.99	−1.02	−1.05
40	−0.48	−0.49	−0.50	−0.51	−0.52	−0.53	−0.54	−0.55
45	−0.05	−0.05	−0.05	−0.05	−0.05	−0.05	−0.05	−0.05
50	+0.37	+0.39	+0.40	+0.41	+0.43	+0.44	+0.45	+0.46
55	+0.79	+0.81	+0.83	+0.86	+0.88	+0.91	+0.93	+0.95
60	+0.17	+1.20	+1.24	+1.27	+1.30	+1.33	+1.36	+1.39
65	+1.52	+1.56	+1.60	+1.65	+1.69	+1.73	+1.77	+1.81
70	+1.83	+1.87	+1.92	+1.97	+2.02	+2.07	+2.12	+2.17

附表3 沸点（或沸程）温度随气压变化的校正值

标准中规定的沸程温度/℃	气压相差1hPa的校正值/℃	标准中规定的沸程温度/℃	气压相差1hPa的校正值/℃
10～30	0.026	210～230	0.044
30～50	0.029	230～250	0.047
50～70	0.030	250～270	0.048
70～90	0.032	270～290	0.050
90～110	0.034	290～310	0.052
110～130	0.035	310～330	0.053
130～150	0.038	330～350	0.055
150～170	0.039	350～370	0.057
170～190	0.041	370～390	0.059
190～210	0.043	390～410	0.061

7 凝固点的测定

本章要点：

1）凝固点测定仪（装置）的使用方法；

2）掌握凝固点测定的操作方法。

7.1 工业背景和测定原理

凝固点是物质的重要物理常数之一，通过测定试样的凝固点，判断化合物的纯度，用来评价产品的质量。

7.1.1 概述

（1）凝固点的定义

物质的凝固点是指液体在冷却过程中由液态转变为固态时的相变温度。

凝固点是由物质结构决定的，不同的物质具有不同的凝固点。纯物质都有固定的凝固点，若含有杂质，凝固点就会降低。

在工业分析中，测定凝固点主要用来了解产品的质量情况，确定产品等级，其数据可作为制定产品质量技术指标、制定生产工艺指标、指导配料比的依据。

（2）测定凝固点的原理

将液态物质在常压下降温，开始时液体温度逐渐下降，当达到一定温度时有结晶析出或凝固，此时试样温度保持一段时间或温度回升并保持一段时间，这时的温度即为试样的凝固点，然后温度继续下降。

（3）凝固点的确定方法

1）冷却曲线法　当试样被冷却，温度下降至高于凝固点温度3℃时，开始搅拌，并启动秒表，记录时间和温度。以测定过程中记录的温度为纵坐标，时间为横坐标，绘制冷却曲线，曲线中的水平段所示的温度为试样的凝固点。

2）观察法　在测定过程中可以不做温度和时间的记录，直接观察到温度最大值所保持的恒定阶段为试样的凝固点。

7.1.2 技能训练要点

（1）评价标准

熟练掌握凝固点的测定方法，正确使用凝固点测定装置，在1.5h内正确完成测定。

（2）专项能力目标

1）知识　凝固点的基本概念；测定凝固点的原理及方法。

2）技能　正确使用凝固点测定仪（装置）；熟练、准确地测定试样的凝固点。

7.2 仪器与试剂

7.2.1 仪器和装置

凝固点测定装置如图7-1所示。

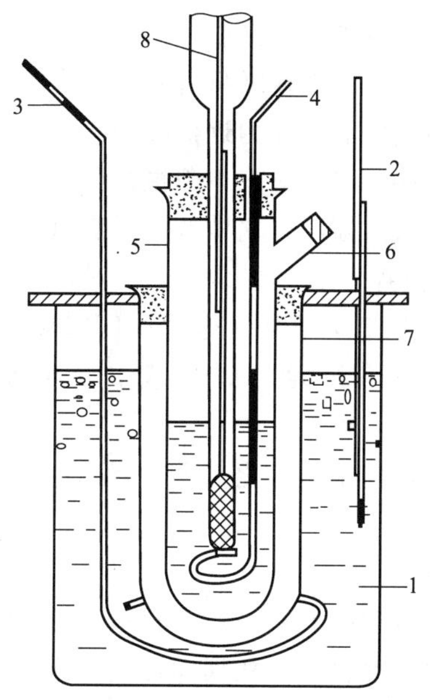

图7-1　凝固点测定装置

1—冰浴槽；2—温度计；3,4—搅拌器；5—冷冻管；6—加样口；7—外套管；8—贝克曼温度计

7.2.2 仪器与药品清单

凝固点测定仪	1套	分析天平(分度值0.1mg)	
贝克曼温度计	1支	压片机	
烧杯(500mL)	2支	环已烷(AR,m.p.=6.54,M_r=84,K_f=20)20ml	
普通温度计(0～50℃,分度值1℃)	1支	萘(AR)	
放大镜	1个	碎冰	若干

7.3 测定操作

(1) 准备工作

按图 7-1 安装实训仪器，在天平上准确称取冷冻管的质量（带烧杯和橡皮塞），然后在干燥的冷冻管中加入环己烷 20mL 左右，再次称量冷冻管的质量，计算出环己烷的质量 m，单位 g，在冷冻管中插入温度计和搅拌器，使水银球至管底的距离约为 15mm。

(2) 温度计调节

调节贝克曼温度计，使环己烷的凝固点（6.5℃）位于贝克曼温度计的 4℃附近。在烧杯中加入冰块和水，当温度降至 0℃左右时，开始下一步操作。

(3) 测定环己烷的凝固点

先测定近似凝固点。将冷冻管直接浸入冰水浴中，快速搅拌，当液体温度下降几乎停止时，取出冷冻管，用吸水纸将管壁上的水擦干，然后放入外套管内继续搅拌，记下最后稳定的温度值，即为近似凝固点。

取出冷冻管，用手握住管壁加热并不断搅拌，使结晶完全熔化。然后将冷冻管在冰水浴中略浸片刻后取出擦干，立即放入外套管内快速搅拌。当温度下降至凝固点以上 0.5℃时停止搅拌，液温继续下降。过冷到凝固点以下 0.5℃时迅速搅拌，不久结晶出现，立即停止搅拌，这时温度突然上升，到最高点后保持恒定，用放大镜读取最高温度，准确至 0.001℃，这个温度就是环己烷的凝固点（T_A）。

取出冷冻管用手握住，使结晶熔化。再重复测定两次。一般应取得三次凝固点的偏差不得超过±0.005℃。

(4) 测定溶液的凝固点

用压片机制成 0.3g 的萘片一块，精称质量至 0.001g。

取出冷冻管用手温热，并将萘片从加样口投入冷冻管中，边搅拌边加热，使萘片完全溶解。同上法先测定溶液的近似凝固点，再准确测定凝固点。必须强调的是，测定过程中过冷不得超过 0.2℃。

再重复测定两次，各次测定的偏差不应超过±0.005℃。取三次测定的平均值作为最终测定结果。

7.4 数据记录与处理

(1) 数据记录

将各项数据记录于下表中。

样　品	质量 m/g	凝固点/℃			
		第一次	第二次	第三次	平均值
环己烷	m_A=				
萘	m_B=				

（2）数据处理

$$\Delta T_f = T_A - T_B$$

$$K_f = 20(K \cdot kg)/mol$$

按下式计算萘的摩尔质量（g/mol）

$$M_B = K_f(m_B \times 1000)/(\Delta T_f m_A)$$

7.5 注意事项

1）实验结束后，试液须倒入回收瓶，严禁倒入下水道。

2）为了防止溶剂的大量挥发，称量时应将冷冻管口用橡皮塞塞住。测量时用另一个打孔的橡皮塞。这个橡皮塞上的两个孔不能大，应正好卡住温度计和搅拌器，否则由于溶剂的挥发将会导致实验误差增大。

3）凝固点降低法测定的是物质的表观摩尔质量。当溶质在溶液中有电离、缔合、溶剂化和生成络合物等情况时，溶质在溶液中的表观摩尔质量将受到影响。

4）高温高湿季节不宜做此实验，因为水蒸气易进入体系中，造成测定结果偏低。

思考题

1. 测定装置中为什么要使用外套管？

2. 为什么测定纯溶剂的凝固点时，过冷程度大一些对测定结果影响不大，而测定溶液凝固点时，却必须尽量减小过冷程度？

8 结晶点的测定

本章要点：

1）掌握双套管法测定有机物结晶点的操作；

2）了解茹可夫瓶测定结晶点的方法。

8.1 工业背景和测定原理

（1）概述

本方法采用双套管法测定结晶点的通用方法。适用于结晶点在－7～70℃范围内的有机试剂结晶点的测定。纯物质有固定不变的结晶点，如有杂质则结晶点会降低。因此通过测定结晶点可判断物质的纯度。

（2）定义

物质的结晶点系指液体在冷却过程中由液态转变为固态时的相变温度。

（3）方法原理

冷却液态样品，当液体中有结晶（固体）生成时，体系中固体、液体共存，两相成平衡，温度保持不变。在规定的实验条件下，观察液态样品在结晶过程中温度的变化，就可测出其结晶点。

8.2 仪器和装置

一般实验仪器。

结晶管：外径约25mm，长约150mm。

套管：内径约28mm，长约120mm，壁厚2mm。

冷却浴：容积约500mL的烧杯，盛有合适的冷却液（水、冰水或冰盐水），并带普通温度计。

温度计：分度值为0.1℃。

搅拌器：用玻璃或不锈钢烧成直径约为20mm的环。

热浴：容积合适的烧杯，放在电炉上，用调压器控温，并带普通温度计。

测定装置如图8-1所示。

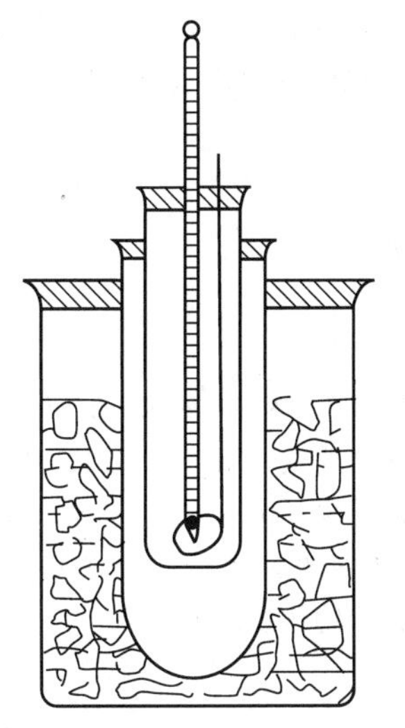

图 8-1 固体试样结晶点测定装置

8.3 测定操作

加样品于干燥的结晶管中，使样品在管中的高度约为 60mm（固体样品应适当大于 60mm）。样品若为固体，应在温度超过其熔点的热浴内将其熔化，并加热至高于结晶点约 10℃。插入搅拌器装好温度计，使水银球至管底的距离约为 15mm，勿使温度计接触管壁。装好套管，并将结晶管连同套管一起置于温度低于样品结晶点 5～7℃的冷却浴中，当样品冷却至低于结晶点 3～5℃时开始搅拌并观察温度。出现结晶时，停止搅拌，这时温度突然上升，读取最高温度，准确至 0.1℃，并进行温度计刻度误差校正，所得温度即为样品的结晶点。

如果某些样品在一般冷却条件下不宜结晶，可另取少量样品，在较低温度下使之结晶，取少许作为晶种加入样品中，即可测出其结晶点。

8.4 注意事项

1）本方法适用于－7～70℃范围内结晶点的测定；

2）本方法规定用烧杯作冷却浴和热浴，未采用国标规定的杜瓦瓶和热浴器；本方法规定的冷却液为水、冰水和冰盐水，未采用国标规定的干冰-丙酮，也未采用国际标准规定的硅油或其他合适的介质作为传热液体。

3）国际标准规定，从开始冷却样品之时起就进行搅拌，不使液体极度过冷，如果结晶出现后温度的上升超过 1～2℃，应重新测定。本方法规定冷却样品时不搅拌，待温度降低至结晶点以下 3～5℃时，再进行搅拌。

在 101.3kPa 的压力下，物质由液态变为固态时的温度称为结晶点。

思考题

简述样品分析结晶点测定步骤。

附 用茹可夫瓶测定结晶点

(1) 仪器

用茹可夫瓶测定结晶点，如图 8-2、图 8-3 所示。它是一个双壁玻璃试管，双壁间的空气抽出，以减少与周围介质的热交换。此瓶使用于比室温高约 10～150℃的物质的结晶点测定。如结晶点低于室温，可在茹可夫瓶外加一个 ϕ120×160mm 的冷却槽，内装致冷剂。当测定温度在 0℃以上，可用冰水混合物作致冷剂，在 0～－20℃可用食盐和冰的混合物作致冷剂；在－20℃以下则可用酒精和干冰的混合物作致冷剂。

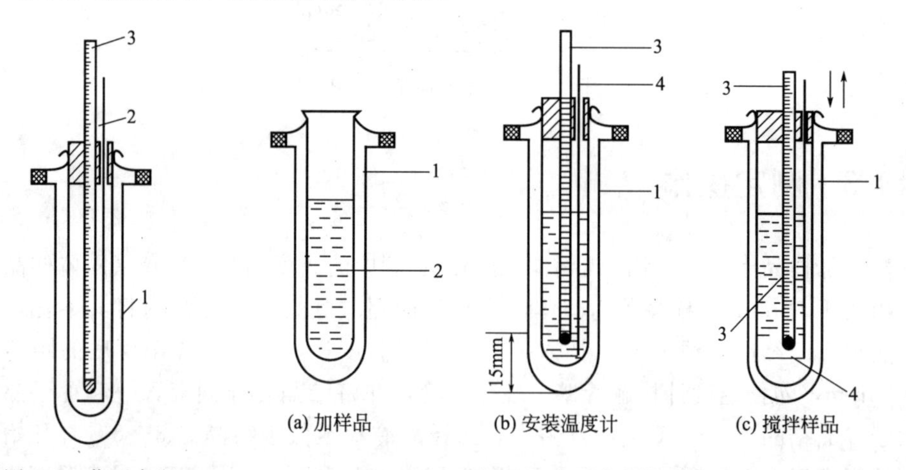

图 8-2 茹可夫瓶

1—茹可夫瓶；2—搅拌器；3—温度计

图 8-3 茹可夫瓶操作

1—茹可夫瓶；2—样品；3—温度计；4—搅拌器

(2) 测定方法

将固体样品融化，并加热至高于其结晶点约 10℃，立即倒入预处理至同一温度的茹可夫瓶中，用带有温度计和搅拌器的软木塞塞紧瓶口；以 60 次/min 以上的速度上下搅动。此时液体仍处于过冷状态，温度甚至还在下降。当样品液体开始不透明时，停止搅动，注意观察温度计，可看到温度上升，并且在一段时间内稳定在一定的温度，然后开始下降。度数此稳定的温度，即为结晶点。

9 密度的测定

本章要点：

1）了解密度瓶法、韦氏天平法、密度计法测定液体密度的原理，掌握测定液体密度的操作方法；

2）学会正确使用分析天平、韦氏天平。

9.1 工业背景和测定原理

9.1.1 概述

密度是液体的一种常用的物理常数，通过测定试样的密度，能够鉴别未知样品，鉴定液体化合物的纯度，并测定其含量。

（1）密度的定义

物质的密度是指在规定温度（t,℃）下，单位体积物质的质量。通常以ρ_t表示，单位为 g/cm^{3}或 g/mL。

$$\rho_t = m/v$$

物质的密度随着温度的变化而改变。其原因是由于物质的热胀冷缩，其体积随着温度的变化而改变。故同一物质在不同温度下有不同的密度值，因此密度的表示必须注明温度。在一般情况下，常以 20℃为准。如国家标准规定化学试剂的密度系指在 20℃时单位体积物质的质量用ρ表示，在其他温度时，则必须在ρ的右下角注明温度。

（2）密度与分子结构的关系

有机液态化合物的密度的大小由其分子组成、结构、分子间作用力所决定。一般有下列规律：

1）在同系列化合物中，相对分子质量增大，密度随之增大，但增量逐渐减小。

2）在烃类化合物中，当碳原子数相同时，不饱和度愈大，密度愈大。即炔烃大于烯烃，烯烃大于烷烃。

3）分子中引入极性官能团后，其密度大于其母体烃。

4）分子中引入能形成氢键的官能团后，密度增大。官能团形成氢键的能力愈强，密度愈大。当碳原子数相同时，密度按下列顺序改变：RCOOH >

$RCH_2OH>RNH_2>ROR>RH$。

9.1.2 密度的测定原理

(1) 密度瓶法测定密度的原理

在20℃时，分别测定密度瓶和充满水及试样的同一密度瓶的质量，由此可得到充满同一密度瓶水及试样的质量，再由水的质量和密度确定密度瓶的容积即试样的体积，根据试样的质量及体积即可计算其密度。密度瓶见图9-1。

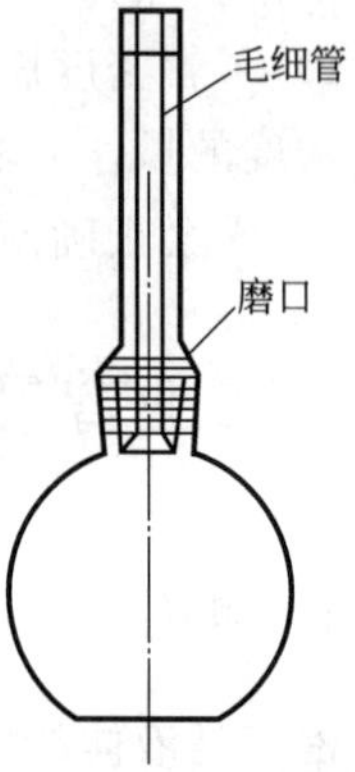

图9-1 普通密度瓶

(2) 韦氏天平法测定密度的原理

韦氏天平法测定密度的基本依据是阿基米德原理。在20℃时，分别测量同一物体（韦氏天平中的玻璃浮锤），在水及试样中的浮力。由于浮锤所排开的水的体积与排开的试样的体积相同，所以根据水的密度及浮锤在水及试样中的浮力即可计算出样品的密度。

浮锤排开水或试样的体积

$$V=\frac{m_{水}}{\rho_0}=\frac{\rho_1}{\rho_0}$$

根据密度的定义，可推算出试样的密度

$$\rho=\frac{m_{样}}{V}=\frac{\rho_2}{\rho_1}\rho_0$$

式中 ρ——试样在20℃时的密度，g/cm^3 (g/mL)；

ρ_1——浮锤浸于水分中时的浮力（骑码）读数，g；

ρ_2——浮锤浸于试样中时的浮力（骑码）读数，g；

ρ_0——20℃蒸馏水的密度，$\rho_0=0.99820g/cm^3$ (g/mL)。

(3) 密度计法测定密度的原理

密度计法是测定液体密度最迅速简便的方法，适用于精确度要求不太高的试样。它也是根据阿基米德定律设计的。

9.1.3 技能训练要点

密度瓶的构造和使用方法；韦氏天平的构造和使用方法；密度计的构造和使用方法；测定密度（密度瓶法、韦氏天平法、密度计法）。

专项能力目标：

1) 知识 密度的基本概念，密度的计算及换算方法。密度瓶、密度计的种类和用途及使用方法，韦氏天平的构造及使用方法，测定密度的原理及方法（密度瓶法、韦氏天平法、密度计法）。密度与分子结构的关系。

2）技能　能正确使用密度瓶；能熟练、准确地测定液体试样的密度（密度瓶法、韦氏天平法、密度计法）。

9.2　仪器

9.2.1　密度瓶的使用

（1）密度瓶的种类

通常密度瓶容量有 5mL、10mL、25mL，一般为球形，比较标准的是附有特制温度计、带磨口帽的小支管的密度瓶，如图 9-2 所示。

（2）使用方法

① 密度瓶使用时，必须洗净并干燥。

② 装入液体时，必须使瓶中充满液体，不要有气泡留在瓶内。

③ 称量需迅速进行，特别是室温过高时，否则液体会从毛细管中溢出，而且会有水汽在瓶壁凝结，导致称量不准确。

④ 密度瓶使用后，须洗净再保存。

9.2.2　韦氏天平的使用

（1）仪器构造

韦氏天平的构造如图 9-3 所示。

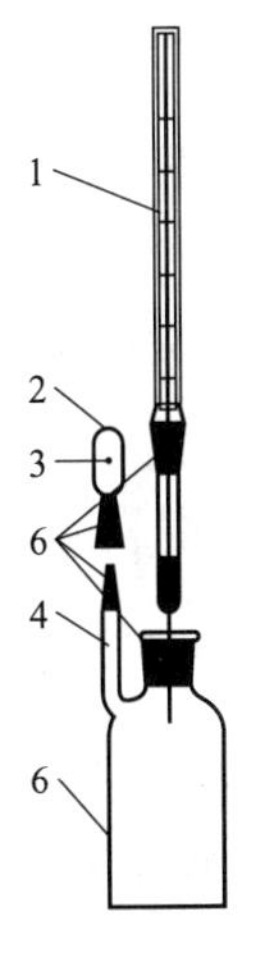

图 9-2　精密密度瓶

1—温度计；2—侧孔罩；3—侧孔；4—侧管；5—密度瓶主体；6—玻璃磨口

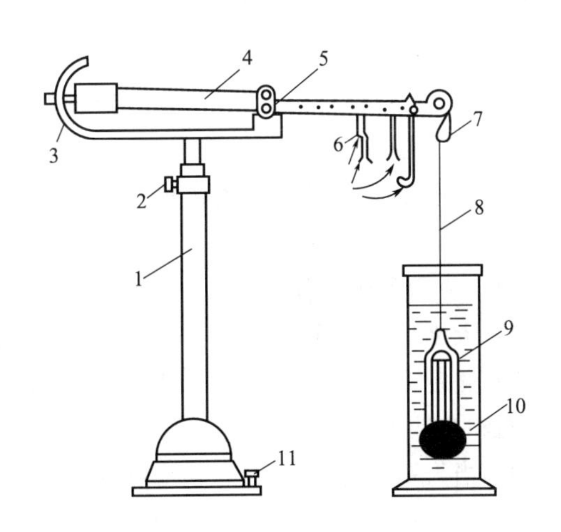

图 9-3　韦氏天平

1—支架；2—支柱紧定螺钉；3—指针；4—横梁；5—刀口；6—骑码；7—钩环；8—细铂丝；9—浮锤；10—玻璃筒；11—水平调整螺钉

（2）读数方法

每台天平有两组骑码，每组有大小不同的四个骑码。与天平配套使用。最大骑码的质量等于玻璃浮锤在 20℃水中所排开水的质量。其它骑码各为最大骑码的 1/10、1/100、1/1000，四个骑码在各个位置的读数如表 9-1 所示。

表 9-1　骑码读数

	1号	2号	3号	4号
放在第十位	1	0.1	0.01	0.001
放在第九位	0.9	0.09	0.009	0.0009
放在第八位	0.8	0.08	0.008	0.0008
…	…	…	…	…
放在第一位	0.1	0.01	0.001	0.0001

（3）安装

1）韦氏天平应安装在温度正常的室内（约 20℃），不能在一个方向受热或受冷，同时免受气流、震动、强磁源的影响，并安装在牢固工作台上。

2）用干净的绒布条擦净韦氏天平的各个部件（玻璃浮锤、弯头温度计、玻璃筒要用酒精拭净），旋松支柱紧定螺钉，托架升至适当高度后旋紧螺钉。将天平横梁置于玛瑙刀座上，钩环置于天平横梁右端刀口上，用等重砝码挂于钩环上，旋动水平调整脚，使横梁指针间与托架指针尖成水平线，以示平衡。若无法调节平衡时，则用螺丝刀将平衡调节器的定位小螺钉松开，微微转动平衡调节器，直至平衡，旋紧螺钉，严防松动。

3）取下等重砝码，换上玻璃浮锤，此时天平仍应保持平衡，但允许有±0.0005的误差存在，如果天平灵敏度高，则将重心陀旋低，反之旋高。

4）天平安装后，应检查各部件位置是否正确，待横梁正常摆动后方可认为安装完毕。

（4）使用和维护保养

1）天平应调整平衡后方可使用。

2）测定完毕，应将横梁 V 形槽和小钩上的骑码全部取下，不可留置在横梁 V 形槽和小钩上。

3）当天平要移动位置时，应把易于分离的零件、部件及横梁等拆卸分离，以免损坏刀口。

4）根据使用的频繁程度，要定期进行清洁工作和计量性能检定，当发现天平失真或有疑问时，在未清除障碍前，应停止使用，待修理检定合格后方可使用。

9.2.3 密度计的使用

(1) 密度计的构造

密度计是一支中空的玻璃浮柱，上部有标线，下部为一重锤，内装铅粒。

(2) 密度计的使用方法

将试样倾入清洁干燥的玻璃圆筒中，然后将密度计轻轻插入，勿使试样产生气泡，密度计不能碰壁、碰底。待密度计摆动停止后，视线从水平位置观察试样弯月面下缘进行读数（图 9-4）。

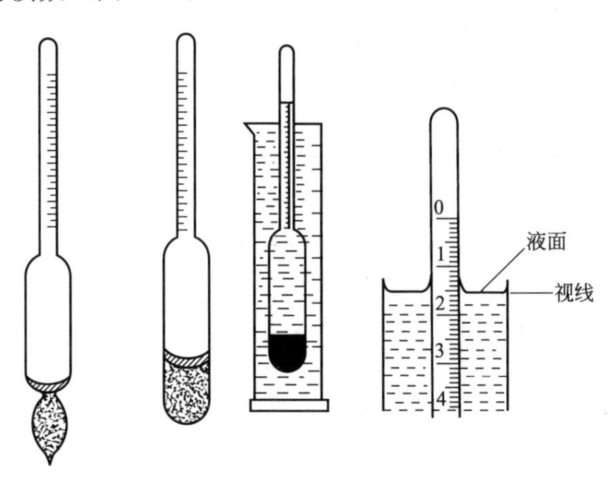

图 9-4 密度计及其测量示意图

9.3 测定操作

9.3.1 密度瓶法测定密度

(1) 仪器

密度瓶 25～50mL；电吹风；恒温水浴；分析天平。

(2) 试剂

乙醇，乙醚（洗涤用）

(3) 试样

丙三醇或乙二醇。

(4) 测定步骤

1) 实验准备：开启恒温水浴，使温度恒定在 (20.0±0.1)℃，将密度瓶洗净并干燥。

2) 密度瓶称量：将带有温度计及侧孔罩洗净并干燥的密度瓶在天平上称取

精确质量 m_0，单位 g。

3）蒸馏水称量准备：取下温度计及侧孔罩，用新煮沸并冷却至约 20℃的蒸馏水充满密度瓶，不得带入气泡，插入温度计，将密度瓶置于（20.0±0.1）℃的恒温水浴中，恒温约 20min，至密度瓶温度达到 20.0℃，并使侧管中的液面与侧管管口齐平，立即塞上侧孔罩。

4）蒸馏水称量：取出密度瓶，用吸水纸擦干，称此密度瓶精确质量 m_1，单位 g。

5）丙三醇称量准备：用丙三醇洗涤密度瓶 3 次（或在装入丙三醇试剂前将密度瓶洗净干燥），然后注满丙三醇，塞上磨口塞，恒温 20min。

6）丙三醇称量：取出密度瓶，将瓶擦干，称取此密度瓶质量 m_2，单位 g。

以试样代替蒸馏水重复上述操作。

（5）数据记录和处理

试样	m_0/g	m_1/g	m_2/g

计算丙三醇的密度（或相对密度）

$$\rho=\frac{m_1+A}{m_2+A}\rho_0$$

$$A=\rho_\alpha\,\frac{m_2}{0.9970}$$

式中　m_1——20℃时充满密度瓶的试样质量，g；

m_2——20℃时充满密度瓶的蒸馏水质量，g；

ρ_0——20℃时蒸馏水的密度，g/mL，$\rho_0=0.9982$g/mL；

A=空气浮力校正值，g；

ρ_α——干燥空气在 20℃，1013.25hPa 时的密度，g/mL；$\rho_\alpha=0.0012$g/mL；

0.9970——$\rho_0-\rho_\alpha$，g/mL。

通常情况下 A 值的影响很小，可忽略不计。

（6）注意事项

1）称量操作必须迅速，因为水和试样都有一定的挥发性，否则会影响测定结果的准确度。

2）注满样品的密度瓶在恒温水浴中的保温时间控制在 15min，使密度瓶及其内部试样温度达到 20℃，保证测定温度的准确。

3）在密度瓶称重以前，需要将瓶体上的样品及水擦干，此时不能用手将整个密度瓶体握住来擦，因为密度瓶宜恒温，手直接握瓶会加热瓶体，致使测定结果不准。

4）整个装样和测定过程中不得有气泡。

9.3.2 韦氏天平法测定密度

（1）仪器

韦氏天平（液体密度天平）PZ-5型；恒温水浴；电吹风。

（2）试剂

乙醇（洗涤用）。

（3）试样

乙醇或丙酮。

（4）测定步骤

1）检查仪器各部件是否完整无损。用清洁的细布擦净金属部分，用乙醇擦净玻璃筒、温度计、玻璃浮锤，并干燥。

2）将仪器置于稳固的平台上，旋松支柱紧定螺钉，使其调整至适当高度，旋紧螺钉。将天平横梁置于玛瑙刀座上，钩环置于天平横梁右端刀口上，将等重砝码挂于钩环上，调整水平调节螺钉，使天平横梁左端指针水平对齐，以示平衡。在测定过程中不得再变动水平调节螺钉。若无法调节平衡时，则可用螺丝刀将平衡调节器上的定位小螺钉松开，微微转动平衡调节器，使天平平衡，旋紧平衡调节器上定位小螺钉，在测定中严防松动。

3）取下等重砝码，换上玻璃浮锤，此时天平仍应保持平衡。允许有±0.0005的误差。

4）向玻璃筒内缓慢注入预先煮沸并冷却至约20℃的蒸馏水，将浮锤全部浸入水中，不得带入气泡，浮锤不得与筒壁或筒底接触，玻璃筒置于（20.0±0.1)℃的恒温浴中，恒温20min，然后由大到小把骑码加在横梁的V形槽上，使指针重新水平对齐，记录骑码的读数。

5）将玻璃浮锤取出，倒出玻璃筒内的水，玻璃筒及浮锤用乙醇洗涤后，并干燥。

6）以试样代替水重复4）的操作。

（5）注意事项

1）测定过程中，必须注意严格控制温度。取用玻璃浮锤时必须十分小心，轻取轻放，一般最好是右手用镊子夹住钓钩，左手垫绸布或清洁滤纸托住玻璃浮锤，以放损坏。

2）当要移动天平位置时，应把易于分离的零件、部件及横梁等拆卸分离，以免损坏刀子。

3）根据使用的频繁程度，要定期进行清洁工作和计量性能检定。当发现天平失真或有疑问时，在未清除故障前，应停止使用，待修理检定合格后方可使用。

9.3.3 密度计法测定密度

（1）仪器

密度计一套；玻璃圆筒（可用500mL或1000mL量筒代替）；温度计。

（2）试样

乙醇，丙酮。

（3）测定步骤

1）根据试样的密度选择适当的密度计。

2）将待测定的试样小心倾入清洁、干燥的玻璃圆筒中，然后把密度计擦干净，用手拿住其上端，轻轻地插入玻璃筒内，试样中不得有气泡，密度计不得接触筒壁及筒底，用手扶住使其缓缓上升。

3）待密度计停止摆动后，水平观察，读取待测液弯月面上缘的读数，同时测量试样的温度。

（4）注意事项

1）所用的玻璃筒应较密度计高大些，装入的液体不得太满，但应能将密度计浮起。

2）密度计不可突然放入液体内，以防密度计与筒底相碰而受损。

3）读数时，眼睛视线应与液面在同一水平位置上，注意视线要与弯月面上缘平行。

9.4 固体密度的测定

9.4.1 对试样的要求

粉、粒状试样取2～5g；板、棒管状试样取1～30g。

成型试样应清洁、无裂缝、气泡等缺陷。

试样需要进行干燥处理时，处理条件要严格按产品标准规定进行。

试样在试验前，应在规定室温下放置不少于2h，当试样温度与室温相差大时，应延长放置时间，以达温度均衡。

试样在存放期间，应避免阳光照射，远离热源。

9.4.2 密度瓶法

（1）原理

把试样放进已知体积的密度瓶中，加入测定介质，试样的体积可由密度瓶体积减去测定介质的体积求得，则试样密度为试样质量与其体积之比。

（2）仪器

分析天平：分度值不低于0.0001g；密度瓶：25cm^3；恒温水浴：温度控制在（23±0.5）℃；烧杯等。

（3）试验条件

1）测定介质应纯净并且不能使试样溶解、溶胀及起反应，但试样表面必须为介质所湿润；

2）测定介质一般用蒸馏水，也可选用其他介质（二甲苯、煤油等）。

（4）操作步骤

1）称空密度瓶的质量，再加入试样称量，然后注入部分测定介质，轻微振荡，试样充分湿润后，继续将密度瓶注满，试样表面和介质中不得有气泡，当以蒸馏水为测定介质时，若有悬浮或湿润不好的现象可加0.5～1滴湿润剂（如磺化油等）。

2）将装满测定介质和试样的密度瓶，盖严瓶盖，放入（23±0.5）℃水浴中，恒温30min以上，取出擦干，立即称量。

3）将密度瓶清洗、干燥，充满测定介质，放入恒温水浴后重复上述操作。

（5）试验结果

1）密度瓶的体积　$V(\mathrm{cm}^3)=(m_1-m)/\rho_0$

式中　m——空密度瓶的质量，g；

m_1——充满测定介质的密度瓶的质量，g；

ρ_0——测定温度下测定介质的密度，g/cm^3。

2）密度瓶里测定介质的体积

$$V_1(\mathrm{cm}^3)=(m_2-m_3)/\rho_0$$

式中　m_2——放入适量试样并充满测定介质的密度瓶的质量，g；

m_3——放入适量试样的密度瓶的质量，g。

3）试样的密度　$\rho(\mathrm{g/cm}^3)=(m_3-m)/(V-V_1)$

9.4.3　天平法

（1）原理

用天平分别称量固体试样在空气中和在测定介质中的质量，当试样质量浸没于测定介质中时，其质量小于在空气中的质量，减少值为试样排开同体积测定介质的质量，试样的体积等于排开测定介质的体积。

（2）仪器

分析天平：分度值为0.0001g；烧杯：250mL；天平盘跨架：尺寸应适合于放置在天平盘和吊篮的空档中。

(3) 操作步骤

1) 称量试样在空气中的质量；

2) 把跨架置于天平盘和吊篮的空档中，彼此不能有任何接触；

3) 把盛有测定介质的烧杯置于跨架上；

4) 将所有的毛发丝挂在天平钩上，称其在介质中的质量；

5) 将已知质量的试样，先用测定介质完全湿润其表面，然后用毛发丝将试样套好，放入温度为 (23±0.5)℃的测定介质中，不得有气泡，试样的任何部位不得与烧杯接触，待试样与测定介质温度一致时，称其在测定介质中的质量。

6) 当固体的密度小于 $1g/cm^3$ 时，则在毛发丝上另挂一个坠子，把试样坠入测定介质中进行称量，但应测定坠子及毛发丝在测定介质中的质量。

(4) 试验结果

试样在试验温度下的密度 $\rho(g/cm^3)=(m_1\rho_0)/(m_1-m_2)$

式中 m_1——试样在空气中的质量，g；

m_2——试样在测定介质中的质量，g；

ρ_0——测定介质在试验温度下的密度，g/cm^3。

当使用坠子时，计算公式为：$\rho=(m_1\rho_0)/(m_1+m_3-m_4)$

式中 m_1——试样在空气中的质量，g；

m_3——坠子在测定介质中的质量，g；

m_4——试样和坠子在测定介质中的质量，g；

ρ_0——测定介质在试验温度下的密度，g/cm^3。

当用蒸馏水为测定介质时，可以实测水的温度，然后根据附录文献查得该温度下的实际密度代入公式计算。

思考题

1. 液体密度的测定方法有几种？简述各种测定方法的原理。

2. 注满样品的密度瓶在恒温水浴中的恒温时间控制 5min 是否可以，为什么？

3. 在密度瓶称量以前，需要将瓶体上的样品及水擦干，此时用手将整个密度瓶握住擦拭是否正确，为什么？

4. 密度瓶中有气泡，将会使测定结果偏低还是偏高？为什么？

10 闪点的测定

本章要点：

1）了解开口杯法测定闪点的原理；

2）学会正确使用开口杯闪点测定仪，熟练掌握开口杯法测定闪点的操作方法。

10.1 工业背景和测定原理

10.1.1 测定闪点的意义

在规定条件下，石油产品受热后，所产生的有油蒸气与周围空气形成的混合气体，在遇到明火时，发生瞬间着火（闪火现象）时的最低温度，称为该石油产品的闪点。能发生连续5s以上的燃烧现象的最低温度，称为燃点。闪点是微小的爆炸，是着火燃烧的前奏。闪点是预示出现火灾和爆炸危险性程度的指标。因此，测定闪点可以了解石油产品发生火灾的危险程度，闪点越低越容易发生爆炸和火灾事故，应特别注意防护。按液体闪点的高低确定其运送、贮存和使用的各种防火安全措施。

在生产和应用过程中，闪点也是控制产品质量的重要依据。例如润滑油在精制过程中，可能由于混入沸点较低的溶剂或在使用中受热分解产生轻组分，使闪点明显降低。这时可以同时测定其开口杯闪点和闭口杯闪点，利用二者的差值判断混入的溶剂量或使用中分解变质程度。

10.1.2 测定原理

石油产品的闪点和燃点，与其沸点及易挥发物质的含量有关。沸点越高，其闪点及燃点也越高。挥发性较强的石油产品（如汽油）闪点较低。由于使用石油产品时有时有封闭状态和暴露状态的区别，测定闪点的方法有闭口杯和开口杯两种。闭口杯多用于轻质油品，开口杯法多用于润滑油及重质油品。

测定闪点时，将试样装入油杯，在规定条件下加热蒸发，控制升温速度，在达到预期闪点温度前10℃时，每隔一定的温度，按规定的方式，进行点火试验，直至出现闪火现象，即发生闪火现象的最低温度为试样的闪点。闭口杯法和开口杯法的区别是仪器不同、加热和点火条件不同。闭口杯法中试样在密闭油杯中加热，只在点火的瞬时才打开杯盖；开口杯法中试油是在敞口杯中加热，蒸发的油气可以自由向空气中扩散，测定的闪点较闭口杯为高。一般相差 10～30℃，油品越重，闪点越高，差别也越大。重油油品中加入少量低沸点油品，会使闪点大为降低，而且两种闪点的差值也明显增大。克利夫兰开口杯仪见图 10-1。

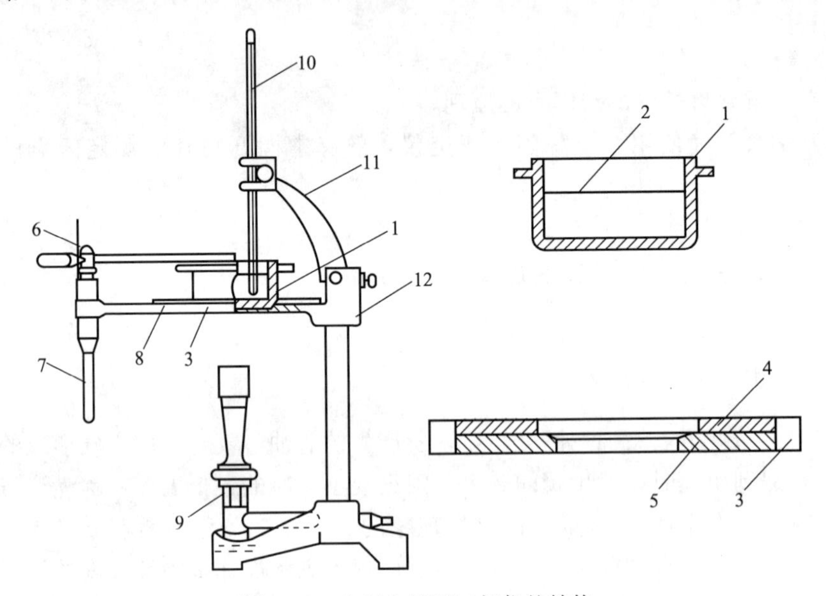

图 10-1　克利夫兰开口杯仪的结构

1—油杯；2—试样装入量标记线；3—加热板；4—硬质石棉板层；5—金属板层；6—点火器；7—燃烧气导管；8—金属小孔；9—加热器；10—温度计；11—温度计支架；12—加热板支架

10.1.3　技能训练要点

(1) 开口杯法测定闪点

技能要求：能使用开口杯闪点测定仪，在 2h 内完成测定任务。

安全：安全操作，防止油品燃烧。

(2) 闭口杯法测定闪点

技能要求：能使用闭口杯闪点测定仪；能掌握闭口杯测定闪点的操作技能。要求在 2h 内完成测定任务。

安全：安全操作，防止油品燃烧。

10.2　仪器

10.2.1　开口杯闪点测定器

如图 10-2 所示。

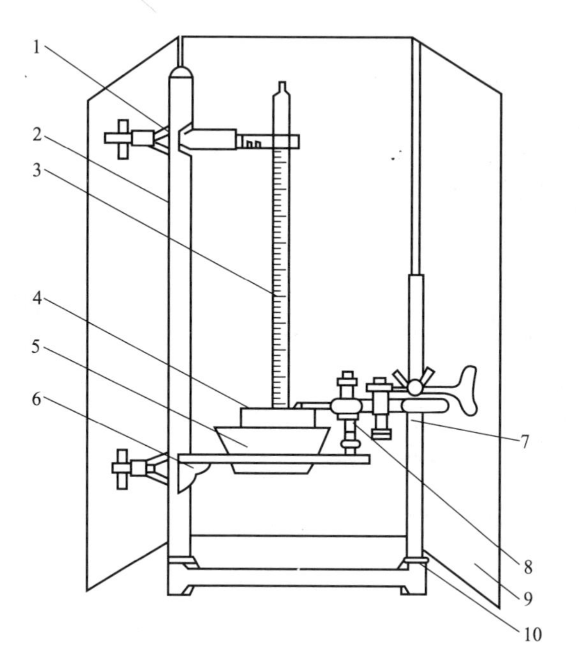

图 10-2　开口杯闪点测定器

1—温度计夹；2—支柱；3—温度计；4—内坩埚；5—外坩埚；6—坩埚托；7—点火器支柱；8—点火器；9—防护罩；10—底座

1）内坩埚　用优质碳素钢制成，上口内径（64±1）mm，底部内径（38±1）mm，高（47±1）mm，厚度为 1mm，内壁刻有 2 道环状标线，各与坩埚上口边缘的距离为 12mm 和 18mm。

2）外坩埚　用用优质碳素钢制成，上口内径（100±5）mm，底部内径（56±2）mm，高（50±5）mm，厚度为 1mm。

3）点火器喷嘴　直径 0.8～1.0mm，应能调节火焰长度，使成 3～4mm 近似球形，并能沿坩埚水平面任意移动。

4）温度计

5）防护罩　用镀锌铁皮制成，高 550～650mm，屏身内壁涂成黑色，并能三面围着测定仪。

6）铁支架、铁环、铁夹　铁支架高约 520mm，铁环直径 70～80mm，铁夹能使温度计垂直地伸插在内坩埚中央。

10.2.2　闭口杯闪点测定器

如图 10-3 所示。

1）浴套　为一铸铁容器，其内径为 260mm，底部距离油杯的空隙为 1.6～

3.2mm，用电炉或煤气灯直接加热。

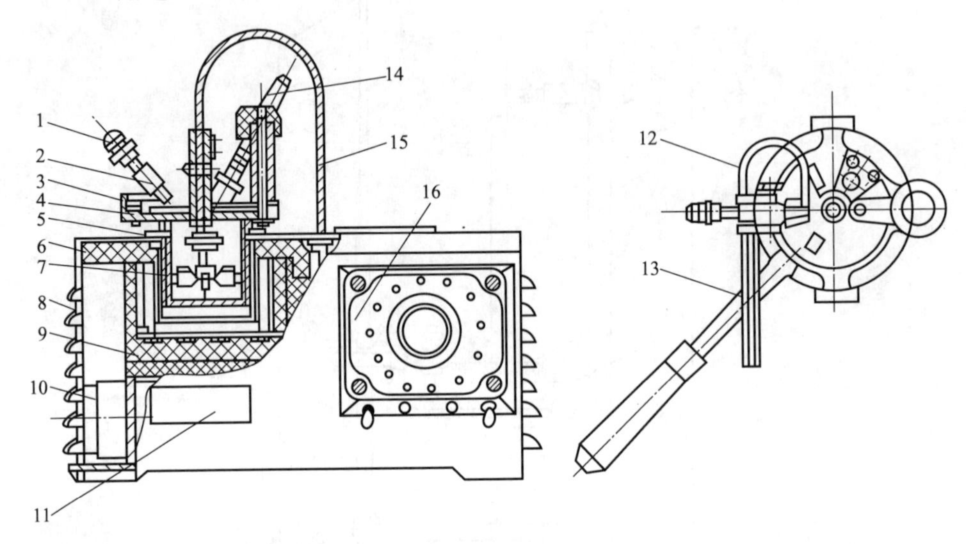

图 10-3　闭口杯闪点测定器

1—点火器调节螺丝；2—点火器；3—滑板；4—油杯盖；5—油杯；6—浴套；7—搅拌桨；8—壳体；9—电炉盘；10—电动机；11—铭牌；12—点火器；13—油杯手柄；14—温度计；15—传动软轴；16—开关箱

2）油杯　为黄铜制成的平底筒形容器，内壁刻有用来规定试样液面位置的标线，油杯盖也是由黄铜制成的，应与油杯配合密封良好。

3）点火器　其喷孔直径为 0.8～1.0mm，应能将火焰调整使接近球形（其直径为 3～4mm）。

4）防护罩　用镀锌铁皮制成，其高度为 550～650mm，屏内身壁涂成黑色。

10.3　闪点的校正

油品的闪点的高低受外界大气压力的影响。大气压力降低时，油品易挥发，故闪点会随之降低；反之大气压力升高时，闪点会随之升高。压力每变化 0.133kPa，闪点平均变化 0.033～0.036℃，所以规定以 101.325kPa 压力下测定的闪点为标准。在不同大气压力条件下测得的闪点需进行压力校正，可用下列经验公式进行校正。

闭口杯闪点的压力校正公式为

$$t=t_p+0.0259(101.3-P)$$

开口杯闪点的压力校正公式为

$$t=t_p+(0.001125t_p+0.21)(101.3-P)$$

式中　t——标准大气压力下的闪点，℃；

t_p——实际测定的闪点，℃；

P——测定闪点时的大气压力，kPa。

10.4 测定操作

10.4.1 开口杯法测定闪点

（1）仪器与试样

仪器：开口杯闪点测定器。试剂：无铅汽油。试样：机油或其他石油产品。

（2）测定步骤

1）内坩埚用无铅汽油洗涤后，并干燥。在外坩埚内铺一层经过煅烧的细砂，厚度约为5～8mm。对于闪点高于300℃的试样允许砂层稍薄些，但必须保持升温速度在到达闪点前40℃时为（4±1）℃/min。置内坩埚于外坩埚的中央，内外坩埚之间，填充细砂至距内坩埚边缘约12mm。

2）倾注试样于内坩埚中，至标线。对于闪点在210℃以下的试样，至上标线；对于闪点在210℃以上的试样，至下标线。装入试样注意不要溅出，也不要沾在液面以上的内壁上。

3）将仪器放置在避风、阴暗处，围好防护罩。置坩埚于铁环中，插入温度计，并使水银球与坩埚底及试样表面的距离相等。点燃点火器，调整火焰为球形（直径为3～4mm）。

4）加热外坩埚，使试样在开始加热后能迅速地达到每分钟升高（10±2）℃的升温速度。当达到预计闪点前约10℃左右后，移动点火器火焰于距试样液面10～14mm处，并沿着内坩埚上边缘水平方向从坩埚一边移到另一边，经过时间为2～3s。试样温度每升高2℃，重复点火试验一次。

5）当试样表面上方最初出现蓝色火焰时，立即从温度计读出温度作为该试样的闪点。同时记录大气压力。

若要测定燃点，继续加热，保持（4±1）℃/min的升温速度，每升高2℃，重复点火试验一次。当能继续燃烧5s时，立即从温度计读出温度，即为该试样的燃点。

用平行测定两个结果的算术平均值，作试样的闪点。根据国家标准规定，平行测定的两次结果，闪点差数不应超过下列的允许值

闪　点	允许差数/℃
150℃以下	4
150℃以上	8

6）根据前面所述的开口杯闪点的校正方法，对所得的闪点进行压力校正。

10.4.2 闭口杯法测定闪点

(1) 仪器与药品

仪器：闭口杯闪点测定器。试剂：无铅汽油。试样：机油或其他石油产品。

(2) 测定步骤

1) 油杯用无铅汽油洗涤后用空气吹干。将试样注入油杯中至标线处，盖上清洁干燥的杯盖，插入温度计，并将油杯放入浴套中。点燃点火器，调整火焰为球形（直径为3～4mm)。

2) 开启加热器，调整加热速度：对于闪点低于50℃的试样，升温速度应为1℃/min，并须不断搅拌试样；对于闪点在50～150℃的试样，开始加热的升温速度应为5～8℃/min，并每分钟搅拌一次；对于闪点超过150℃的试样，开始加热的升温速度应为10～12℃/min，并定期搅拌。当温度达到预计闪点前20℃时，加热升温的速度应控制2～3℃/min。

3) 当达到预计闪点前10℃左右时，开始点火试验（注意，点火时停止搅拌，但点火后，应继续搅拌），点火时扭动滑板及点火器控制手柄，使滑板滑开，点火器伸入杯口，使火焰留在这一位置1s立即迅速回到原位。若无闪火现象，按上述方法每升高1℃（闪点低于104℃的试样）或2℃（闪点高于104℃的试样）重复进行点火试验。

4) 当第一次在试样液面上方出现蓝色火焰时，记录温度。继续试验，如果能继续闪火，才能认为测定结果有效。若再次试验时，不出现闪火，则应更换试样重新试验。

取平行测定两个结果的算术平均值，作试样的闪点。根据国家标准规定，平行测定的两个结果与其算术平均值的差数不应超过下列允许值

闪点范围/℃	允许差数/℃
≤104	±1
>104	±3

5) 根据前面所述的开口杯闪点的校正方法，对所测得的闪点进行压力校正。

(3) 注意事项

1) 用开口杯法测定闪点时，试样水分大于0.1%，必须脱水，在供闪点测定。用闭口杯法测定闪点时，若试样水分超过0.05%时，必须脱水后才能进行测定。

2) 试样的装入量必须符合规定，过多或过少都会影响油品在混合气中的浓度，使测定的闪点偏低或偏高。

3) 点火用的火焰大小与液面的距离及停留时间都要按规定执行。若球形火焰直径偏大与液面距离过短及停留时间过长都会使测定值偏低。

4）要严格控制加热温度。速度过快时，试样蒸发迅速，会使混合气的局部浓度过大而提前闪火，导致测定闪点偏低。加热速度过慢，则测定时间拉长，点火次数增多，消耗了部分油气，使闪点的温度升高，测定结果必然偏高。

思考题

1. 简述闪点和燃点的定义，并把较两者的异同之处。

2. 测定石油产品闪点有哪两种方法？一般情况下，哪些石油产品需开口杯法闪点？如同一试油分别用开口杯法和闭口杯法测得闪点的数值是否一样？为什么？

3. 在大气压力为 92.2kPa 时用开口杯法测得某车用机油的闪点为 270℃，问该机油在 101.3kPa 大气压下的开口杯闪点是多少？

4. 用闭口杯闪点测定器测得某高速机油的闪点 126℃。如果测定时的大气压力为 95.3kPa，问该机油的标准闭口杯闪点是多少？

11 技能考核试题

11.1 液体密度的测定和固体熔点的测定

本题分值：100 分。

考核时间：95 分钟内完成操作，最多可以延长 20 分钟，但要扣 20 分。

具体考核要求：

1）本项实训总时间为 95 分钟，采用时间包干制，在 95 分钟内应完成所有内容，并报出结果。

2）若在 95 分钟不能完成此任务，最多可以延长 20 分钟，延时采取多 1 分钟，在总成绩内扣 1 分的办法。

3）若在延长期内还未完成任务，平行操作只作两个数据，按最大超差扣；若此时未计算出最终结果，则监考人员应帮助考生计算出最终结果，但卷面应扣 5.0 分。

4）若在实验过程中，造成电子天平损坏或损坏设备，则此实操鉴定为 0 分；若有其他仪器损坏，则要在总成绩内扣 5 分。

（1）液体密度的测定

1）液体密度的测定操作步骤

① 洗净并干燥密度瓶，带塞称量。

② 用新煮沸并冷却至约 20℃的蒸馏水注满密度瓶，不得带入气泡，装好后立即浸入（20±0.1)℃的恒温水浴中，恒温 20min 以上取出，用滤纸除去溢出毛细管的水，擦干后立即称量。

③ 将密度瓶里的水倾出，清洗、干燥后称量。以试样代替水，同上操作，即得试样的质量。

2）数据记录

试样	m_0/g	m_1/g	m_2/g

3）试验结果

密度 $\rho(g/cm^3)$

$$\rho=\frac{m_1+A}{m_2+A}\rho_0$$

式中　m_1——20℃时充满密度瓶的试样质量，g；

m_2——20℃时充满密度瓶的蒸馏水质量，g；

ρ_0——20℃时蒸馏水的密度，g/cm^3；

A——浮力校正为$\rho_1 V$。其中ρ_1是干燥空气在20℃、760mmHg的密度；V是所取试样的体积（cm^3）；但一般情况下，A的影响很小，可忽略不计。

（2）固体熔点的测定

1）操作步骤

① 将样品研成尽可能细密的粉末，装入清洁、干燥的熔点管中，取一长约800mm的干燥玻璃管，直立于玻璃板上，将装有试样的熔点管在其中投落数次，直到熔点管内样品紧缩至2～3mm高。如所测的是易分解或易脱水样品，应将熔点管另一端熔封。

② 先将传热液体的温度缓缓升至比样品规格所规定的熔点范围的初熔温度低10℃，此时，将装有样品的熔点管附着于测量温度计上，使熔点管样品端与水银球中部处于同一水平，测量温度计水银球应位于传热液体的中部。使升温速率稳定保持在（1.0±0.1）℃/min。如所测得的是易分解或易脱水样品，则升温速率应保持在3℃/min。

③ 当样品出现明显的局部液化现象时的温度即为初熔温度，当样品完全熔化时的温度即为终熔温度。记录初熔温度及终熔温度。

2）数据记录　将各项实验数据填入下表中。

样品	测量温度计读数		平均值 t_1	辅助温度计读数	平均值 t_2	露颈 h
	第一次					
	第二次					
	第一次					
	第二次					
	第一次					
	第二次					

3）数据处理　熔点校正，将结果填入下表中。

样　　品	实测熔点(平均)	校正熔点	文献值

结果的表示：如测定中使用的是全浸式温度计，则应对测得的熔点范围值进

行校正，校正值按下式计算

$$\Delta t=0.00016(t_1-t_2)h$$

式中 Δt——校正值，℃；

h——温度计露出液面或胶塞部分的水银柱高度，℃；

t_1——测量计读数，℃；

t_2——露出液面或胶塞部分的水银柱的平均温度，℃；该温度由辅助温度计测得，其水银球位于露出液面或胶塞部分的水银柱中部。

(3) 准备要求

考生准备

序号	名称	型号与规格	单位	数量	备注
1	计算器		台	1台	
2	手套	纯棉	套	1双	

考场药品准备

序号	名称	型号与规格	单位	数量	备注
1	丙三醇	工业品或化学试剂	瓶/人	15mL/人	与鉴定组有关
2	苯甲酸或尿素	工业品或化学试剂	瓶/人	1g/人	与鉴定组有关
3	蒸馏水(不含二氧化碳)	新煮沸冷却	瓶/人	200mL/人	与鉴定组有关

考场仪器准备

序号	名称	型号与规格	单位	数量	备注
1	分析天平	分度值为0.0001g	台	1台/人	与鉴定组有关
2	滴瓶	60mL(白色)	个	1个/人	装试样
3	塑料瓶	500mL(白色)	个	2个/人	装除CO_2蒸馏水
4	密度瓶	25～50cm^3	个	1个/人	与鉴定组有关
5	恒温水浴	温度控制在(20±1)℃	台	1个/人	与鉴定组有关
6	温度计	分度值为0.1℃	支	1支/人	与鉴定组有关
7	烧杯	100mL	个	1个人	内外洗净干燥
8	熔点管	内径0.9～1.1mm，壁厚0.10～0.15mm	支	3支/人	与鉴定组有关
9	温度计	单球内标式，分度值为0.1℃	支	1支/人	测量温度计用
10	温度计	分度值为1℃	支	1支/人	辅助温度计用
11	加热装置(圆底烧杯)	容积约为250mL，球部直径约为80mm，颈长20～30mm，口径约为30mm		1个/人	胶塞外侧应具有出气槽

续表

序号	名称	型号与规格	单位	数量	备注
12	试管	长为 100～110mm，其直径为 20mm	支	1 支/人	加热装置配套
13	玻璃管	长约 800mm	支	1 支/人	装样用
14	表面皿	直径 60mm	个	2 个/人	盛样用
15	研钵		个	1 个/人	研样用
16	石棉网		张	1 张/人	加热平底烧瓶用
17	铁架台和铁圈		套	1 套/人	加热平底烧瓶用
18	煤气灯		台	1 台/人	加热平底烧瓶用

考核评分标准

考核要求：在 95 分钟内完成下列操作。

序号	考核内容	考核标准	评分标准	配分	得分
1	仪器准备	1. 密度瓶或韦氏天平的准备		5 分	
		1)密度瓶的选择不规范	扣 1.0 分		
		2)密度瓶拿取操作不规范	扣 0.5 分		
		3)密度瓶恒温操作不规范	扣 1.0 分		
		4)韦氏天平安装各部件取用操作不规范	扣 1.0 分		
		5)韦氏天平安装条件选择不规范	扣 0.5 分		
		2. 熔点仪的准备			
		选择熔点仪操作不规范	扣 1.0 分		
2	称量操作	1. 称量前准备		10 分	
		1)未检查电子天平水平	扣 1.0 分		
		2)未校正电子天平	扣 0.5 分		
		3)未带好称量手套	扣 0.5 分		
		4)密度瓶放入电子天平前未作好检查	扣 1.0 分		
		2. 称量操作			
		1)密度瓶摆放在电子天平不规范	扣 0.5 分		
		2)不会扣皮操作	扣 0.5 分		
		3)未待天平平衡(出三角)就读数	扣 1.0 分		
		4)密度瓶放在天平台面不规范	扣 0.5 分		
		5)密度瓶盖乱放	扣 0.5 分		
		6)称量过程中操作迅速	扣 1.0 分		
		3. 称量后操作			
		1)天平未关好就走	扣 0.5 分		
		2)称量过程中未及时记录实训数据	扣 1.0 分		
		3)称完后未及时将样品放回原处	扣 0.5 分		
		4)未及时填写称量记录本	扣 1.0 分		

续表

序号	考核内容	考核标准	评分标准	配分	得分
3	密度瓶使用	1)未检查密度瓶磨口是否漏液	扣1.0分	10分	
		2)使用的密度瓶未洗净	扣1.0分		
		3)使用的密度瓶未干燥	扣1.0分		
		4)使用的密度瓶未冷却至室温	扣1.0分		
		5)装入待测液未贴壁	扣1.0分		
		6)拿取密度瓶手法不正确	扣1.0分		
		7)装液时磨口塞放到台面上	扣1.0分		
		8)磨口塞放到台面上又未擦或未冲洗	扣1.0分		
		9)装入待测液时瓶中有气泡留在瓶内	扣1.0分		
		10)瓶中有气泡未重做	扣1.0分		
4	密度瓶法测定液体密度	1)未调节恒温水浴	扣1.0分	10分	
		2)温度未恒定20℃或恒温时间不够	扣1.0分		
		3)未用待装液润洗密度瓶内壁	扣1.0分		
		4)未用待装液润洗磨口塞	扣1.0分		
		5)未盖上磨口毛细管塞恒温	扣1.0分		
		6)未使毛细管中液面保持恒定	扣1.0分		
		7)测定过程产生气泡	扣1.0分		
		8)产生气泡又未重做	扣1.0分		
		9)恒温后取出的密度瓶未用吸水纸擦干	扣1.0分		
		10)擦密度瓶时未用指尖拿密度瓶	扣1.0分		
5	毛细管准备	1)毛细管一端熔封操作未边烧边转	扣1.0分	5分	
		2)毛细管一端熔封未用外火焰加热	扣1.0分		
		3)毛细管熔封不严	扣1.0分		
		4)不会气密性检查	扣1.0分		
		5)毛细管底部熔封太厚	扣1.0分		
6	仪器组装操作	1)温度计选择不当	扣0.5分	5分	
		2)胶塞选择不当出气槽不会打孔	扣0.5分		
		3)载热体选择不当	扣0.5分		
		4)内浴试管未距烧瓶底15mm	扣0.5分		
		5)加浴液时滴到瓶外又未擦	扣0.5分		
		6)试管内热浴液面未与烧瓶液面在同一平面	扣0.5分		
		7)装置中温度计水银球未位于内浴中部	扣0.5分		
		8)装置安装顺序不对各部件组装不密封	扣0.5分		
		9)铁夹固定烧瓶不牢，双顶螺丝装反	扣0.5分		
		10)装置安装不垂直	扣0.5分		

续表

序号	考核内容	考核标准	评分标准	配分	得分
7	装样操作	1)装样用表面皿未洗净干燥	扣0.5分	5分	
		2)毛细管放在台面上	扣0.5分		
		3)样品未装入已熔封的毛细管中	扣0.5分		
		4)样品未研细	扣0.5分		
		5)样品填装操作不当	扣0.5分		
		6)使用玻璃管未洗净干燥	扣0.5分		
		7)试样未装紧	扣0.5分		
		8)熔点管内样品量过多未紧缩至2～3mm	扣0.5分		
		9)易分解样品或易脱水样品另一端未熔封	扣0.5分		
		10)装好样品的熔点管层面未与测量温度计水银球中部在同一高度	扣0.5分		
8	预测定与测定操作	1)加热圆底烧瓶未垫石棉网或未用外焰加热	扣1.0分	20分	
		2)开始升温速度太快超过5℃/min	扣1.0分		
		3)未随时控稳或调节火焰大小	扣1.0分		
		4)未及时观察毛细管试样的熔化情况	扣1.0分		
		5)用已测定过熔点的毛细管冷后再测第二次	扣1.0分		
		6)未待热浴冷却至粗熔点下20℃就放熔点管	扣1.0分		
		7)未放辅助温度计	扣1.0分		
		8)放辅助温度计未使水银球位于测量温度计水银柱外露段的中部	扣1.0分		
		9)辅助温度计水银球位置未随测量温度计水银柱位置上升或下降而改变	扣1.0分		
		10)当液体温度升至比样品熔点低10℃未停火	扣1.0分		
		11)未及时将装有样品的毛细管缚在温度计上并插入试管中	扣1.0分		
		12)近熔点加热控温未保证(1.0±0.1)℃过快或过慢	扣1.0分		
		13)不会观察与判断熔化情况	扣1.0分		
		14)再次测定未将传热液冷却至样品熔点10℃以下	扣1.0分		
		15)再次测定未用新的毛细管操作	扣1.0分		
		16)样品未测定两次	扣1.0分		
		17)两次数据偏差大于0.3℃未重做	扣1.0分		
		18)测定结束未收仪器或未清洗	扣1.0分		
		19)热的温度计用冷水冲洗	扣1.0分		
		20)温度计洗后未擦干	扣1.0分		
9	测后工作	1. 实验仪器的处理		15分	
		1)将密度瓶内溶液倒出，并洗净密度瓶	1.0分		
		2)将烧瓶内溶液倒到指定回收瓶内	1.0分		
		3)洗净烧瓶，操作规范	1.0分		
		4)将仪器归位	1.0分		
		2. 实验药品的摆放			
		1)公用药品用完后及时放回原处	1.0分		
		2)药品、仪器摆放整齐	1.0分		
		3)实验完药品用布将瓶外壁擦净	1.0分		

续表

序号	考核内容		考核标准	评分标准	配分	得分
9	测后工作		3. 实验台面的清整 1)将试剂、试样、蒸馏水瓶放在滴定台后,并排成一排 2)将实验台面用布擦净 3)将实验用后滤纸放到指定位置 4. 实验结果的计算 1)能独立、迅速地进行数据处理 2)公式使用正确 3)运算结果记录规范 4)卷面记录规范 5)记录改错不超过有关规定	 1.0分 1.0分 1.0分 1.0分 1.0分 1.0分 1.0分 1.0分		
10	测定结果	自平行	1)考生自平行相对极差大于0.20℃,小于0.30 2)考生自平行相对极差大于0.31℃,小于0.40 3)考生自平行相对极差大于0.41℃,小于0.50	扣4.0分 扣7.0分 扣10.0分	15分	
		互平行	1)考生互平行相对极差大于0.30℃,小于0.40 2)考生互平行相对极差大于0.41℃,小于0.50 3)考生互平行相对极差大于0.51℃,小于0.60	扣1.0分 扣3.0分 扣5.0分		
11	考核时间		完成本项实验总时为95分钟 每超过1分钟,扣1.0分 若超过20分钟,则要结束考试 若此时平行操作只作两个数据,按最大超差扣 若此时未计算出最终结果,则监考人员应帮助考生计算出最终结果,但卷面应扣5.0分			
备注				合计		
				考评员签字	年 月 日	

11.2 液体密度的测定和液体沸程的测定

本题分值:100分。

考核时间:95分钟内完成操作,最多可以延长20分钟,但要扣20分。

具体考核要求:

1)本项实训总时间为95分钟,采用时间包干制,在95分钟内应完成所有内容,并报出结果。

2)若在95分钟不能完成此任务,最多可以延长20分钟,延时采取多1分钟,在总成绩内扣1分的办法。

3)若在延长期内还未完成任务,平行操作只作两个数据,按最大超差扣;若此时未计算出最终结果,则监考人员应帮助考生计算出最终结果,但卷面应扣5.0分。

4）若在实训过程中，造成电子天平损坏或损坏设备，则此实操鉴定为 0 分；若有其他仪器损坏，则要在总成绩内扣 5 分。

（1）液体密度的测定

见 11.1（1）。

（2）液体沸程的测定

1）液体沸程的测定操作步骤

① 按图 2-1 所示安装蒸馏装置。使测量温度计水银球上端与蒸馏瓶和支管接合部的下沿保持水平。

② 用接收器量取（100±1）mL 的试样，将样品全部转移至蒸馏瓶中，加入几粒清洁、干燥的沸石，装好温度计，将接收器（不必经过干燥）置于冷凝管下端，使冷凝管口进入接收器部分不少于 25mm，也不低于 100mL 刻度线，接收器口塞以棉塞，并确保向冷凝管稳定地提供冷却水。

③ 调节蒸馏速度，对于沸程温度低于 100℃的试样，应使自加热起至第一滴冷凝液滴入接收器的时间为 5～10min；对于沸程温度高于 100℃的试样，上述时间应控制在 10～15min，然后将蒸馏速度控制在 3～4mL/min。

④ 记录规定馏出物体积对应的沸程温度或规定沸程温度范围内的馏出物的体积。

⑤ 记录室温及气压。

⑥ 对测定结果进行温度、压力校正。

2）沸程的校正方法

① 气压计读数校正　所谓标准大气压是指：重力加速度为 980.665cm/s，温度为 0℃时，760mm 水银柱作用于海平面上的压力，其数值为101325Pa=1013.25hPa。

在观测大气压时，由于受地理位置和气象条件的影响，往往和标准大气压规定的条件不相符合，为了使所得结果具有可比性，由气压计测得的读数，除按仪器说明书的要求进行示值校正外，还必须进行温度校正和纬度重力校正。

$$P=P_t-\Delta P_1+\Delta P_2$$

式中　P——经校正后的气压，hPa；

P_t——室温时的气压（经气压计器差校正的测得值），hPa；

ΔP_1——由室温换算成 0℃气压校正值（即温度校正值），hPa；

ΔP_2——纬度重力校正值，hPa。

（其中 ΔP_1、ΔP_2 由气压计读数校正值表和纬度校正值表查得）

② 气压对沸程的校正　沸程随气压的变化值按下式计算

$$\Delta t_p=CV(1013.25-P)$$

式中　Δt_p——沸程随气压的变化值，℃；

CV——沸程随气压的变化率（由沸程温度随气压的变化的校正值表查得），℃/hPa；

P——经校正的气压值，hPa。

③ 温度计水银柱外露段的校正　温度计水银柱外露段的校正值可按下式进行计算

$$\Delta t_2 = 0.00016h(t_1 - t_2)$$

校正后的沸程按下式计算

$$t = t_1 + \Delta t_1 + \Delta t_2 + \Delta t_p$$

式中　t_1——试样的沸程的测定值，℃；

t_2——辅助温度计读数，℃；

Δt_1——温度计示值的校正值，℃；

Δt_2——温度计水银柱外露段校正值，℃；

Δt_p——沸程随气压的变化值，℃。

3）记录数据　室温＿＿＿＿＿大气压＿＿＿＿＿

样品	测量温度计读数 t_1	辅助温度计读数 t_2	气压计读数 p_t	室温/℃	露颈 h
乙醇					
未知样					

4）数据处理　进行沸点校正，将结果填入下表中。

样品	实测沸程/℃	校正沸程/℃	文献值沸程/℃
乙醇			
未知样			

（3）准备要求

考生准备

序号	名称	型号与规格	单位	数量	备注
1	计算器		台	1台	
2	手套	纯棉	套	1双	

考场药品准备

序号	名称	型号与规格	单位	数量	备注
1	丙三醇	工业品或化学试剂	瓶/人	15mL/人	与鉴定组有关
2	乙醇	工业品或化学试剂	瓶/人	1mL/人	与鉴定组有关
3	蒸馏水(不含二氧化碳)		瓶/人	200mL/人	与鉴定组有关

考场仪器准备

序号	名称	型号与规格	单位	数量	备注
1	密度瓶	25～50cm^3	个	1个/人	与鉴定组有关
2	滴瓶	60mL(白色)	个	1个/人	装试样
3	分析天平	分度值为0.0001g	台	1台/人	与鉴定组有关
4	恒温水浴	温度控制(20±1)℃	台	1台/人	与鉴定组有关
5	温度计	分度值为0.1℃	支	1支/人	与鉴定组有关
6	红外烘干仪		台	1台/人	与鉴定组有关
7	支管蒸馏瓶	有效容积100mL	支	1支/人	用硅硼酸盐玻璃制成
8	烧杯	50mL或100ml	个	2个/人	内外洗净干燥
9	水银温度计	单球内标式	支	1支/人	测量沸程用
10	温度计	乙醇-水温度计	支	1支/人	辅助测温用
11	冷凝管	直型水冷凝管	支	1支/人	用硅硼酸盐玻璃制成
12	接收器	两端分度值为0.5mL	支	1支/人	容积为100mL
13	电加热套	500W	台	1台/人	与鉴定组有关
14	石棉网		张	1张/人	加热平底烧瓶用
15	铁架台和铁圈		套	1套/人	加热平底烧瓶用

考核评分标准

考核要求：在95分钟内完成下列操作。

序号	考核内容	考核标准	评分标准	配分	得分
1	仪器准备	1. 密度瓶或韦氏天平的准备 1)密度瓶的选择不规范 2)密度瓶拿取操作不规范 3)密度瓶恒温操作不规范 4)韦氏天平安装各部件取用操作不规范 5)韦氏天平安装条件选择不规范 2. 蒸馏装置的准备 1)选择测量温度计未在所测样品的温度范围内 2)辅助温度计选择不当 3)冷凝管选择不当 4)支管烧瓶未洗净干燥 5)蒸馏未在通风良好的通风橱内进行	 扣1.0分 扣1.0分 扣1.0分 扣1.0分 扣1.0分 扣1.0分 扣1.0分 扣1.0分 扣1.0分 扣1.0分	10分	
2	称量操作	1. 称量前准备 1)未检查电子天平水平 2)未校正电子天平 3)未带好称量手套 4)密度瓶放入电子天平前未作好检查 2. 称量操作 1)密度瓶摆放在电子天平不规范 2)不会扣皮操作	 扣1.0分 扣0.5分 扣0.5分 扣1.0分 扣0.5分 扣0.5分	10分	

续表

序号	考核内容	考核标准	评分标准	配分	得分
2	称量操作	3)未待天平平衡(出三角)就读数	扣1.0分		
		4)密度瓶放在天平台面不规范	扣0.5分		
		5)密度瓶盖乱放	扣0.5分		
		6)称量过程中操作迅速	扣1.0分		
		3. 称量后操作			
		1)天平未关好就走	扣0.5分		
		2)称量过程中未及时记录实训数据	扣1.0分		
		3)称完后未及时将样品放回原处	扣0.5分		
		4)未及时填写称量记录本	扣1.0分		
3	密度瓶使用	1)未检查密度瓶磨口是否漏液	扣1.0分	10分	
		2)使用的密度瓶未洗净	扣1.0分		
		3)使用的密度瓶未干燥	扣1.0分		
		4)使用的密度瓶未冷却至室温	扣1.0分		
		5)装入待测液未贴壁	扣1.0分		
		6)拿取密度瓶手法不正确	扣1.0分		
		7)装液时磨口塞放到台面上	扣1.0分		
		8)磨口塞放到台面上又未擦或未冲洗	扣1.0分		
		9)装入待测液时瓶中有气泡留在瓶内	扣1.0分		
		10)瓶中有气泡未重做	扣1.0分		
4	密度瓶法测定液体密度	1)未调节恒温水浴	扣1.0分	10分	
		2)温度未恒定20℃或恒温时间不够	扣1.0分		
		3)未用带装液润洗密度瓶内壁	扣1.0分		
		4)未用带装液润洗磨口塞	扣1.0分		
		5)未盖上磨口毛细管塞恒温	扣1.0分		
		6)未使毛细管中液面保持恒定	扣1.0分		
		7)测定过程产生气泡	扣1.0分		
		8)产生气泡又未重做	扣1.0分		
		9)恒温后取出的密度瓶未用吸水纸擦干	扣1.0分		
		10)擦密度瓶时未用指尖拿密度瓶	扣1.0分		
5	仪器组装	1)测量温度计水银球上端未与蒸馏瓶和支管接合的下沿保持水平	扣1.0分	15分	
		2)支管烧瓶握瓶不对	扣1.0分		
		3)将样品全部转移至蒸馏瓶中流入支管	扣1.0分		
		4)接收瓶摆放位置不当	扣1.0分		
		5)蒸馏瓶内未加清洁、干燥的沸石	扣1.0分		
		6)装置安装未垂直	扣1.0分		
		7)装置安装顺序不当	扣1.0分		
		8)装置安装气密性不好	扣1.0分		
		9)冷凝管口未进入接收器25mm以下	扣1.0分		
		10)冷凝管口低于100mL刻度线	扣1.0分		
		11)接收器口未塞以棉塞	扣1.0分		
		12)冷凝管安装未倾斜或倾斜不当	扣1.0分		
		13)冷凝水进水接反	扣1.0分		
		14)冷凝水出水接反	扣1.0分		
		15)不能确保向冷凝管稳定地提供冷却水	扣1.0分		

续表

序号	考核内容		考核标准	评分标准	配分	得分
6	沸程测定操作		1)初馏速度控制不当	扣1.0分	15分	
			2)不能及时调节加热板温度	扣1.0分		
			3)量取样品及测量馏出物体积操作不对	扣1.0分		
			4)蒸馏速度过快	扣1.0分		
			5)蒸馏速度过慢	扣1.0分		
			6)未及时观察馏出物	扣1.0分		
			7)未及时记录馏出物对应的沸程温度	扣1.0分		
			8)未及时记录规定沸程温度范围内的馏出物的体积	扣2.0分		
			9)未及时记录室温	扣1.0分		
			10)未记录气压	扣1.0分		
			11)不会对测定结果进行温度校正	扣1.0分		
			12)不会对测定结果进行压力校正	扣1.0分		
			13)数据记录不准确	扣1.0分		
			14)实验条件记录不全	扣1.0分		
7	测后工作		1. 实验仪器的处理		15分	
			1)将密度瓶内溶液倒出,并洗净密度瓶	1.0分		
			2)将接收瓶内溶液倒到指定回收瓶内	1.0分		
			3)洗净支管烧瓶,操作不规范	0.5分		
			4)将支管烧瓶、密度瓶放到指定位置	0.5分		
			2. 实验药品的摆放			
			1)公用药品用完后及时放回原处	1.0分		
			2)药品、仪器摆放整齐	1.0分		
			3)实验完药品用布将瓶外壁擦净	1.0分		
			3. 实验台面的清整			
			1)将滴定台放回原处	1.0分		
			2)将密度瓶、烧瓶等排成一排	1.0分		
			3)将试剂、蒸馏水瓶排成一排	1.0分		
			4)将实验台面用布擦净	1.0分		
			4. 实验结果的计算			
			1)能独立、迅速地进行数据处理	1.0分		
			2)公式使用正确	1.0分		
			3)运算结果记录规范	1.0分		
			4)卷面记录规范	1.0分		
			5)记录改错不超过有关规定	1.0分		
8	测定结果	自平行	1)考生自平行测定误差大于0.2℃	扣4.0分	15分	
			2)考生自平行测定误对极差大于0.3℃	扣7.0分		
			3)考生自平行测定误差大于0.5℃	扣10.0分		
		互平行	1)考生互平行测定误差大于0.30℃	扣1.0分		
			2)考生互平行测定误差大于0.50℃	扣3.0分		
			3)考生互平行测定误差大于1.00℃	扣5.0分		

续表

序号	考核内容	考核标准	评分标准	配分	得分
9	考核时间	完成本项实训总时为95分钟 每超过1分钟,扣1.0分 若超过20分钟,则要结束考试 若此时平行操作只作两个数据,按最大超差扣 若此时未计算出最终结果,则监考人员应帮助考生计算出最终结果,但卷面应扣5.0分			
备注			合计		
			考评员签字	年　月　日	

11.3 固体熔点的测定和液体沸程的测定

本题分值：100分。

考核时间：95分钟内完成操作，最多可以延长20分钟，但要扣20分。

具体考核要求：

1）本项实验总时间为95分钟，采用时间包干制，在95分钟内应完成所有内容，并报出结果。

2）若在95分钟不能完成此任务，最多可以延长20分钟，延时采取多1分钟，在总成绩内扣1分的办法。

3）若在延长期内还未完成任务，平行操作只作两个数据，按最大超差扣；若此时未计算出最终结果，则监考人员应帮助考生计算出最终结果，但卷面应扣5.0分

4）若在实验过程中，造成电子天平损坏或损坏设备，则此实操鉴定为“0”分；若有其他仪器损坏，则要在总成绩内扣5分。

（1）固体熔点的测定

见11.1（2）。

（2）液体沸程的测定

见11.2（2）。

考核评分标准

考核要求：在95分钟内完成下列操作。

序号	考核内容	考核标准	评分标准	配分	得分
1	仪器准备	1. 蒸馏的准备		10分	
		1)制作干燥管操作不规范	扣1.0分		
		2)配胶塞操作不规范	扣1.0分		
		3)给胶塞打孔操作不规范	扣1.0分		
		4)加热装置调节操作不规范	扣1.0分		
		5)选择测量温度计未在所测样品的温度不范围内	扣1.0分		
		6)辅助温度计选择不当	扣1.0分		
		7)冷凝管选择不当	扣1.0分		
		8)支管烧瓶未洗净干燥	扣1.0分		
		9)蒸馏未在通风良好的通风橱内进行	扣1.0分		
		2. 熔点仪的准备			
		选择熔点仪操作不规范	扣1.0分		
2	仪器组装操作	1)温度计选择不当	扣0.5分	5分	
		2)胶塞选择不当,出气槽不会打孔	扣0.5分		
		3)载热体选择不当	扣0.5分		
		4)内浴试管未距烧瓶底15mm	扣0.5分		
		5)加浴液时滴到瓶外又未擦	扣0.5分		
		6)试管内热浴液面未与烧瓶液面在同一平面	扣0.5分		
		7)装置中温度计水银球未位于内浴中部	扣0.5分		
		8)装置安装顺序不对各部件组装不密封	扣0.5分		
		9)铁夹固定烧瓶不牢,双顶螺丝装反	扣0.5分		
		10)装置安装不垂直	扣0.5分		
3	装样操作	1)装样用表面皿未洗净干燥	扣0.5分	5分	
		2)毛细管放在台面上	扣0.5分		
		3)样品未装入已熔封的毛细管中	扣0.5分		
		4)样品未研细	扣0.5分		
		5)样品添装操作不当	扣0.5分		
		6)使用玻璃管未洗净干燥	扣0.5分		
		7)试样未装紧	扣0.5分		
		8)熔点管内样品量过多未紧缩至2～3mm	扣0.5分		
		9)易分解样品或易脱水样品另一端未熔封	扣0.5分		
		10)装好样品的熔点管层面未与测量温度计水银球中部在同一高度	扣0.5分		
4	预测定与测定操作	1)加热圆底烧瓶未垫石棉网或未用外焰加热	扣1.0分	20分	
		2)开始升温速度太快超过5℃/min	扣1.0分		
		3)未随时控稳或调节火焰大小	扣1.0分		
		4)未及时观察毛细管试样的熔化情况	扣1.0分		
		5)用已测定过熔点的毛细管冷后再测第二次	扣1.0分		
		6)未待热浴冷却至粗熔点下20℃就放熔点管	扣1.0分		

续表

序号	考核内容	考核标准	评分标准	配分	得分
4	预测定与测定操作	7)未放辅助温度计	扣1.0分		
		8)放辅助温度计未使水银球位于测量温度计水银柱外露段的中部	扣1.0分		
		9)辅助温度计水银球位置未随测量温度计水银柱位置上升或下降而改变	扣1.0分		
		10)当液体温度升至比样品熔点低10℃未停火	扣1.0分		
		11)未及时将装有样品的毛细管缚在温度计上并插入试管中	扣1.0分		
		12)近熔点加热控温未保证(1.0±0.1)℃,过快或过慢	扣1.0分		
		13)不会观察与判断熔化情况	扣1.0分		
		14)再次测定未将传热液冷却至样品熔点10℃以下	扣1.0分		
		15)再次测定未用新的毛细管操作	扣1.0分		
		16)样品未测定两次	扣1.0分		
		17)两次数据大于0.3℃未重做	扣1.0分		
		18)测定结束未收仪器或未清洗	扣1.0分		
		19)热的温度计用冷水冲洗	扣1.0分		
		20)温度计洗后未擦干	扣1.0分		
5	仪器组装	1)测量温度计水银球上端未与蒸馏瓶和支管接合的下沿保持水平	扣1.0分	15分	
		2)支管烧瓶握瓶不对	扣1.0分		
		3)将样品全部转移至蒸馏瓶中流入支管	扣1.0分		
		4)接收瓶摆放位置不当	扣1.0分		
		5)蒸馏瓶内未加清洁、干燥的沸石	扣1.0分		
		6)装置安装未垂直	扣1.0分		
		7)装置安装顺序不当	扣1.0分		
		8)装置安装气密性不好	扣1.0分		
		9)冷凝管口未进入接收器25mm以下	扣1.0分		
		10)冷凝管口低于100mL刻度线	扣1.0分		
		11)接收器口未塞以棉塞	扣1.0分		
		12)冷凝管安装未倾斜或倾斜不当	扣1.0分		
		13)冷凝水进水接反	扣1.0分		
		14)冷凝水出水接反	扣1.0分		
		15)不能确保向冷凝管稳定地提供冷却水	扣1.0分		
6	沸程测定操作	1)初馏速度控制不当	扣1.0分	15分	
		2)不能及时调节加热板温度	扣1.0分		
		3)量取样品及测量馏出物体积操作不对	扣1.0分		
		4)蒸馏速度过快	扣1.0分		
		5)蒸馏速度过慢	扣1.0分		
		6)未及时观察馏出物	扣1.0分		
		7)未及时记录馏出物对应的沸程温度	扣1.0分		
		8)未及时记录规定沸程温度范围内的馏出物的体积	扣2.0分		
		9)未及时记录室温	扣1.0分		
		10)未记录气压	扣1.0分		

续表

序号	考核内容	考核标准	评分标准	配分	得分
6	沸程测定操作	11)不会对测定结果进行温度校正	扣1.0分		
		12)不会对测定结果进行压力校正	扣1.0分		
		13)数据记录不准确	扣1.0分		
		14)实验条件记录不全	扣1.0分		
7	测后工作	1. 实验仪器的处理		15分	
		1)将支管烧瓶内溶液倒出并洗净	1.0分		
		2)将圆底烧瓶内溶液倒到指定回收瓶内	1.0分		
		3)洗净烧瓶,操作规范	1.0分		
		4)将温度计放到指定位置	1.0分		
		2. 实验药品的摆放			
		1)公用药品用完后及时放回原处	1.0分		
		2)药品、仪器摆放整齐	1.0分		
		3)实验完药品用布将瓶外壁擦净	1.0分		
		3. 实验台面的清整			
		1)将铁架台放回原处	1.0分		
		2)将烧瓶等放在台前排成一排	1.0分		
		3)将试剂、蒸馏水瓶排成一排	1.0分		
		4. 实验结果的计算			
		1)能独立、迅速地进行数据处理	1.0分		
		2)公式使用正确	1.0分		
		3)运算结果记录规范	1.0分		
		4)卷面记录规范	1.0分		
		5)记录改错不超过有关规定	1.0分		
8	测定结果 自平行	1)考生自平行相对极差大于0.20,小于0.30	扣4.0分	15分	
		2)考生自平行相对极差大于0.31,小于0.40	扣7.0分		
		3)考生自平行相对极差大于0.41,小于0.50	扣10.0分		
	测定结果 互平行	1)考生互平行相对极差大于0.30,小于0.40	扣1.0分		
		2)考生互平行相对极差大于0.41,小于0.50	扣3.0分		
		3)考生互平行相对极差大于0.51,小于0.60	扣5.0分		
9	考核时间	完成本项实验总时为95分钟 每超过1分钟,扣1.0分 若超过20分钟,则要结束考试 若此时平行操作只作两个数据,按最大超差扣 若此时未计算出最终结果,则监考人员应帮助考生计算出最终结果,但卷面应扣5.0分			
备注			合计		
			考评员签字	年 月 日	

11.4　黏度的测定和固体熔点的测定

本题分值：100 分。

考核时间：95 分钟内完成操作，最多可以延长 20 分钟，但要扣 20 分。

具体考核要求：

1）本项实验总时间为 95 分钟，采用时间包干制，在 95 分钟内应完成所有内容，并报出结果。

2）若在 95 分钟不能完成此任务，最多可以延长 20 分钟，延时采取多 1 分钟，在总成绩内扣 1 分的办法。

3）若在延长期内还未完成任务，平行操作只作两个数据，按最大超差扣；若此时未计算出最终结果，则监考人员应帮助考生计算出最终结果，但卷面应扣 5.0 分。

4）若在实验过程中，造成电子天平损坏或损坏设备，则此实操鉴定为“0”分；若有其他仪器损坏，则要在总成绩内扣 5 分。

（1）黏度测定

1）操作步骤

① 选取一支适当内径的平氏黏度计。

② 在黏度计上套一橡皮管，用胶塞塞住管口。

③ 倒转黏度计，将管身插入试样烧杯中，自橡皮管用洗耳球将液体吸至标线 b，然后捏紧橡皮管，取出黏度计，倒转过来。

④ 擦净管身外壁后，取下橡皮管，并将此橡皮管套在管身上。

⑤ 将黏度计直立放入恒温器中，调节管身使其下部浸入浴液，扩大部分必须浸入一半。

⑥ 在黏度计旁边放置温度计，使其水银泡与毛细管的中心在同一水平面上。

⑦ 温度调至 20℃，在此温度保持 10min。

⑧ 用洗耳球将液体吸至标线 m_1 以上少许，取下洗耳球，使液体自动流下，注意观察液面，当液面至标线 m_1 时按动秒表，液面流至标线 m_2 时按停秒表。记录流动时间。

⑨ 表始数与末数的差值，即试样在毛细管内的流动时间。温度在全部实验时间内保持不变。

2）数据记录（毛细管法黏度测试报告）

编号：

<table>
<tr><td rowspan="3">试样</td><td>编号</td><td></td><td colspan="2" rowspan="2">试样温度/℃</td><td colspan="2" rowspan="2"></td></tr>
<tr><td>名称</td><td></td></tr>
<tr><td>密度/(g/cm^3)</td><td></td><td rowspan="4">测量值</td><td>一次</td><td></td><td></td></tr>
<tr><td rowspan="5">仪器</td><td>型号</td><td></td><td>二次</td><td></td><td></td></tr>
<tr><td>名称</td><td></td><td>平均</td><td></td><td></td></tr>
<tr><td>编号</td><td></td><td>两列平均</td><td colspan="2"></td></tr>
<tr><td>毛细管内径/cm</td><td></td><td colspan="2">运动黏度/(mm^2/s)</td><td colspan="2"></td></tr>
<tr><td>常数/(mm^2/s^2)</td><td></td><td colspan="2"></td><td colspan="2"></td></tr>
<tr><td>附注</td><td colspan="6">测试依据:《黏度测试方法》GB/T 10247—2008</td></tr>
<tr><td>试验结果</td><td colspan="6"></td></tr>
<tr><td>测试部门</td><td></td><td>测试人</td><td></td><td>测试日期</td><td colspan="2">年　　月　　日</td></tr>
</table>

(2) 熔点的测定

见 11.1 (2)。

(3) 准备要求

考生准备

序号	名称	型号与规格	单位	数量	备注
1	计算器		台	1台	

考场药品准备

序号	名称	型号与规格	单位	数量	备注
1	丙三醇	工业品或化学试剂	瓶/人	30mL/人	与鉴定组有关
2	有机溶剂或铬酸洗液	工业品或化学试剂	瓶/人	30mL/人	与鉴定组有关
3	苯甲酸或尿素	工业品或化学试剂	瓶/人	2g/人	与鉴定组有关
4	蒸馏水		瓶/人	100mL/人	与鉴定组有关

考场仪器准备

序号	名称	型号与规格	单位	数量	备注
1	毛细管黏度计	直径 0.8mm	支	1支/人	
2	恒温(槽)水浴		台	1台/人	设定温度
3	温度计	分度值不大于 0.01℃	支	1支/人	
4	计时器	分度值不大于 0.1s 的秒表	块	1块/人	准确度应在 ±0.07% 以内

续表

序号	名称	型号与规格	单位	数量	备注
5	熔点管	内径0.9～1.1mm,壁厚0.10～0.15mm	支	3支/人	与鉴定组有关
6	温度计	单球内标式,分度值为0.1℃	支	1支/人	测量温度计用
7	温度计	分度值为1℃	支	1支/人	辅助温度计用
8	加热装置(圆底烧杯)	容积约为250mL,球部直径约为80mm,颈长20～30mm,口径约为30mm		1个/人	胶塞外侧应具有出气槽
9	试管	长为100～110mm,其直径为20mm	支	1支/人	加热装置配套
10	玻璃管	长约800mm	支	1支/人	装样用
11	表面皿	直径60mm	个	2个/人	盛样用
12	研钵		个	1个/人	研样用
13	石棉网		张	2张/人	加热烧瓶用
14	铁架台和铁圈		套	2套/人	加热烧瓶用
15	煤气灯		台	1台/人	加热烧瓶用

考核评分标准

考核要求：在95分钟内完成下列操作。

序号	考核内容	考核标准	评分标准	配分	得分
1	仪器准备	1. 毛细管黏度计准备		10分	
		1)未检查黏度计盒内部件是否齐全	扣1.0分		
		2)选择内径不当	扣1.0分		
		3)黏度计洗涤不当	扣1.0分		
		4)黏度计未干燥	扣1.0分		
		5)未用待测液润洗黏度取样杯	扣1.0分		
		2. 熔点仪的准备—毛细管准备			
		1)毛细管一端熔封操作未边烧边转	扣1.0分		
		2)毛细管一端熔封未用外火焰加热	扣1.0分		
		3)毛细管熔封不严	扣1.0分		
		4)不会气密性检查	扣1.0分		
		5)毛细管底部熔封太厚	扣1.0分		
2	取样操作	1)拿取黏度计未单侧用力	扣1.0分	10分	
		2)未用胶塞塞住管口取样	扣1.0分		
		3)将管身插入取样杯时,未靠杯壁	扣1.0分		
		4)取样时,黏度计未垂直	扣1.0分		
		5)从试样瓶往烧杯中倒液外撒	扣1.0分		
		6)拿取试样瓶标签未朝手心	扣1.0分		
		7)自取样杯吸取试样液速度过快	扣1.0分		
		8)自橡皮管用洗耳球将溶液吸至标线产生气泡	扣1.0分		
		9)产生气泡而又未重做	扣1.0分		
		10)取样后未擦管身外壁	扣1.0分		

续表

序号	考核内容	考核标准	评分标准	配分	得分
3	黏度装置安装准备	1)套橡皮管手法不对	扣 1.0 分	10 分	
		2)黏度计未直立放入恒温水浴中	扣 1.0 分		
		3)黏度计未固定	扣 1.0 分		
		4)水浴温度不会调节	扣 1.0 分		
		5)未调节管身使其下部浸入溶液	扣 1.0 分		
		6)拿取黏度计手法不正确	扣 1.0 分		
		7)扩大部分未浸入一半	扣 1.0 分		
		8)未在黏度计旁边放置温度计	扣 1.0 分		
		9)未使温度计水银泡与毛细管的中心在同一水平面上	扣 2.0 分		
4	黏度测定操作	1)未调节恒温水浴	扣 1.0 分	10 分	
		2)温度未恒定 20℃或恒温时间未保持 10 分钟	扣 1.0 分		
		3)测定时未用洗耳球将液体吸至标线以上	扣 1.0 分		
		4)未等液面至标线就按动秒表	扣 1.0 分		
		5)液面已过标线才按停秒表又未重做	扣 1.0 分		
		6)液面流至标线未按停秒表	扣 1.0 分		
		7)测定过程毛细管黏度计内产生气泡或空隙	扣 1.0 分		
		8)产生气泡又未重做	扣 1.0 分		
		9)按动秒表动作迟缓	扣 1.0 分		
		10)未及时记录黏度系数	扣 1.0 分		
5	仪器组装操作	1)温度计选择不当	扣 0.5 分	5 分	
		2)胶塞选择不当,出气槽不会打孔	扣 0.5 分		
		3)载热体选择不当	扣 0.5 分		
		4)内浴试管未距烧瓶底 15mm	扣 0.5 分		
		5)加浴液时滴到瓶外又未擦	扣 0.5 分		
		6)试管内热浴液面未与烧瓶液面在同一平面	扣 0.5 分		
		7)装置中温度计水银球未位于内浴中部	扣 0.5 分		
		8)装置安装顺序不对各部件组装不密封	扣 0.5 分		
		9)铁夹固定烧瓶不牢,双顶螺丝装反	扣 0.5 分		
		10)装置安装不垂直	扣 0.5 分		
6	装样操作	1)装样用表面皿未洗净干燥	扣 0.5 分	5 分	
		2)毛细管放在台面上	扣 0.5 分		
		3)样品未装入已熔封的毛细管中	扣 0.5 分		
		4)样品未研细	扣 0.5 分		
		5)样品添装操作不当	扣 0.5 分		
		6)使用玻璃管未洗净干燥	扣 0.5 分		
		7)试样未装紧	扣 0.5 分		
		8)熔点管内样品量过多未紧缩至 2～3mm	扣 0.5 分		
		9)易分解样品或易脱水样品另一端未熔封	扣 0.5 分		
		10)装好样品的熔点管层面未与测量温度计水银球中部在同一高度	扣 0.5 分		

续表

序号	考核内容	考核标准	评分标准	配分	得分
7	预测定与测定操作	1)加热圆底烧瓶未垫石棉网或未用外焰加热	扣1.0分	20分	
		2)开始升温速度太快,超过5℃/min	扣1.0分		
		3)未随时控稳或调节火焰大小	扣1.0分		
		4)未及时观察毛细管试样的熔化情况	扣1.0分		
		5)用已测定过熔点的毛细管冷后再测第二次	扣1.0分		
		6)未待热浴冷却至粗熔点下20℃就放熔点管	扣1.0分		
		7)未放辅助温度计	扣1.0分		
		8)放辅助温度计未使水银球位于测量温度计水银柱外露段的中部	扣1.0分		
		9)辅助温度计水银球位置未随测量温度计水银柱位置上升或下降而改变	扣1.0分		
		10)当液体温度升至比样品熔点低10℃未停火	扣1.0分		
		11)未及时将装有样品的毛细管缚在温度计上并插入试管中	扣1.0分		
		12)近熔点加热控温未保证1.0±0.1℃过快或过慢	扣1.0分		
		13)不会观察与判断熔化情况	扣1.0分		
		14)再次测定未将传热液冷却至样品熔点10℃以下	扣1.0分		
		15)再次测定未用新的毛细管操作	扣1.0分		
		16)样品未测定两次	扣1.0分		
		17)两次数据大于0.3℃未重做	扣1.0分		
		18)测定结束未收仪器或未清洗	扣1.0分		
		19)热的温度计用冷水冲洗	扣1.0分		
		20)温度计洗后未擦干	扣1.0分		
8	测后工作	1. 实验仪器的处理		15分	
		1)将黏度计内溶液倒出并洗净	扣1.0分		
		2)将烧瓶内溶液倒到指定回收瓶内	扣1.0分		
		3)洗净烧瓶,操作规范	扣1.0分		
		4)将黏度计倒夹在台架上	扣1.0分		
		2. 实验药品的摆放			
		1)公用药品用完后及时放回原处	扣1.0分		
		2)药品、仪器摆放整齐	扣1.0分		
		3)实验完药品用布将烧瓶外壁擦净	扣1.0分		
		3. 实验台面的清整			
		1)将熔点仪、小烧杯等排成一排。	扣1.0分		
		2)将试剂、试样、蒸馏水瓶放在台后,并排成一排	扣1.0分		
		3)将实验台面用布擦净	扣1.0分		
		4. 实验结果的计算			
		1)能独立、迅速地进行数据处理	1.0分		
		2)公式使用正确	1.0分		
		3)运算结果记录规范	1.0分		
		4)卷面记录规范	1.0分		
		5)记录改错不超过有关规定	1.0分		

续表

序号	考核内容		考核标准	评分标准	配分	得分
9	测定结果	自平行	1)考生自平行相对极差大于0.20,小于0.30 2)考生自平行相对极差大于0.31,小于0.40 3)考生自平行相对极差大于0.41,小于0.50	扣4.0分 扣7.0分 扣10.0分		
		互平行	1)考生互平行相对极差大于0.30,小于0.40 2)考生互平行相对极差大于0.41,小于0.50 3)考生互平行相对极差大于0.51,小于0.60	扣1.0分 扣3.0分 扣5.0分		
10	考核时间		完成本项实训总时为95分钟 每超过1分钟,扣1.0分 若超过20分钟,则要结束考试 若此时平行操作只作两个数据,按最大超差扣 若此时未计算出最终结果,则监考人员应帮助考生计算出最终结果,但卷面应扣5.0分			
备注				合计		
				考评员签字	年 月 日	

11.5 黏度的测定和闪点的测定

本题分值：100分。

考核时间：95分钟内完成操作，最多可以延长20分钟，但要扣20分。

具体考核要求：

1）本项实训总时间为95分钟，采用时间包干制，在95分钟内应完成所有内容，并报出结果。

2）若在95分钟不能完成此任务，最多可以延长20分钟，延时采取多1分钟，在总成绩内扣1分的办法。

3）若在延长期内还未完成任务，平行操作只作两个数据，按最大超差扣；若此时未计算出最终结果，则监考人员应帮助考生计算出最终结果，但卷面应扣5.0分。

4）若在实验过程中，造成设备损坏，则此实操鉴定为0分；若有其他仪器损坏，则要在总成绩内扣5分。

（1）黏度的测定

见11.4(1)。

（2）闪点的测定

1）油杯用无铅汽油洗涤后用空气吹干。将试样注入油杯中至标线处，盖上清洁干燥的杯盖，插入温度计，并将油杯放入浴套中。点燃点火器，调整火焰为球形（直径为 3～4mm）。

2）开启加热器，调整加热速度：对于闪点低于 50℃的试样，升温速度应为 1℃/min，并须不断搅拌试样；对于闪点在 50～150℃的试样，开始加热的升温速度应为 5～8℃/min，每分钟搅拌一次；对于闪点超过 150℃的试样，开始加热的升温速度应为 10～12℃/min，并定期搅拌。当温度达到预计闪点前 20℃时，加热升温的速度应控制为 2～3℃。

3）到预计闪点前 10℃左右时，开始点火试验（注意，点火时停止搅拌，但点火后，应继续搅拌），点火时扭动滑板及点火器控制手柄，使滑板滑开，点火器伸入杯口，使火焰留在这一位置 1s 立即迅速回到原位。若无闪火现象，按上述方法每升高 1℃（闪点低于 104℃的试样）或 2℃（闪点高于 104℃的试样）重复进行点火试验。

4）当第一次在试样液面上方出现蓝色火焰时，记录温度。继续试验，如果能继续闪火，才能认为测定结果有效。若再次试验时，不出现闪火，则应更换试样重新试验。

取平行测定两个结果的算术平均值，作试样的闪点。根据国家标准规定，平行测定的两个结果与其算术平均值的差数不应超过下列允许值

闪点范围/℃	允许差数/℃
≤104	±1
＞104	±3

5）根据前面所述的开口杯闪点的校正方法，对所测得的闪点进行压力校正。将各项实验数据填入下表中。

样品	实测闪点		平均值 t_1	校正闪点	平均值 t_2	
	第一次					
	第二次					
	第一次					
	第二次					
	第一次					
	第二次					
试验结果						

（3）准备要求

考生准备

序号	名称	型号与规格	单位	数量	备注
1	计算器		台	1 台	
2	手套	纯棉	套	1 双	

考场药品准备

序号	名称	型号与规格	单位	数量	备注
1	丙三醇	工业品或化学试剂	瓶/人	15mL/人	与鉴定组有关
2	机油		瓶/人	100mL/人	与鉴定组有关
3	轻质汽油		瓶/人	100mL/人	与鉴定组有关

考场仪器准备

序号	名称	型号与规格	单位	数量	备注
1	平氏黏度计	直径 0.8mm	支	1 支/人	与鉴定组有关
2	滴瓶	60mL(白色)	个	1 个/人	装试样
3	烧杯	50mL	个	1 个/人	内外洗净干燥
4	量筒	100mL	个	1 个/人	与鉴定组有关
5	温度计	分度值不大于 0.01℃(精密型)	支	1 支/人	与鉴定组有关
6	计时器	用分度值不大于 0.1s 的秒表	块	1 块/人	与鉴定组有关
7	电烘箱或吹风机			1 个/人	
8	闭口闪点测定器	SY 3205			
9	温度计	GB/T 514			
10	防护屏		个	1 个/人	
11	温度计	乙醇-水温度计	支	1 支	测液温用
12	铁架台和铁圈		套	1 套/人	测液温用

考核评分标准

考核要求：在 95 分钟内完成下列操作。

序号	考核内容	考核标准	评分标准	配分	得分
1	仪器准备	1. 毛细管黏度计准备 1)未检查黏度计盒内部件是否齐全 2)选择内径不当 3)黏度计洗涤不当 4)黏度计未干燥 5)未用待测液润洗黏度取样杯 2. 闪点测定准备工作 1)油杯未用无铅汽油洗涤 2)油杯用无铅汽油洗后未用空气吹干 3)试样注入油杯时试油外撒 4)杯中试样未装满到环状标记处 5)试样的装入量过多 6)试样的装入量少 7)满油的试样杯未盖杯盖 8)样杯盖不清洁、不干燥 9)插入温度计不当 10)未先将空气浴冷却到室温(20±5)℃	 扣 1.0 分 扣 1.0 分 扣 1.0 分 扣 1.0 分 扣 1.0 分 扣 1.0 分 扣 1.0 分 扣 1.0 分 扣 1.0 分 扣 1.0 分 扣 1.0 分 扣 1.0 分 扣 1.0 分 扣 1.0 分 扣 1.0 分	15 分	

续表

序号	考核内容	考核标准	评分标准	配分	得分
2	取样操作	1)拿取黏度计未单侧用力	扣1.0分	10分	
		2)未用胶塞塞住管口取样	扣1.0分		
		3)将管身插入取样杯时,未靠杯壁	扣1.0分		
		4)取样时,黏度计未垂直	扣1.0分		
		5)从试样瓶往烧杯中倒液外撒	扣1.0分		
		6)拿取试样瓶标签未朝手心	扣1.0分		
		7)自取样杯吸取试样液速度过快	扣1.0分		
		8)自橡皮管用洗耳球将溶液吸至标线时有气泡	扣1.0分		
		9)产生气泡而又未重做	扣1.0分		
		10)取样后未擦管身外壁	扣1.0分		
3	黏度装置安装准备	1)套橡皮管手法不对	扣1.0分	10分	
		2)黏度计未直立放入恒温水浴中	扣1.0分		
		3)黏度计未固定	扣1.0分		
		4)水浴温度不会调节	扣1.0分		
		5)未调节管身使其下部浸入溶液	扣1.0分		
		6)拿取黏度计手法不正确	扣1.0分		
		7)扩大部分未浸入一半	扣1.0分		
		8)未在黏度计旁边放置温度计	扣1.0分		
		9)未使温度计水银泡与毛细管的中心在同一水平面上	扣2.0分		
4	黏度测定操作	1)未调节恒温水浴	扣1.0分	10分	
		2)温度未恒定20℃或恒温时间未保持10分钟	扣1.0分		
		3)测定时未用洗耳球将液体吸至标线以上	扣1.0分		
		4)未等液面至标线就按动秒表	扣1.0分		
		5)液面已过标线才按停秒表又未重做	扣1.0分		
		6)液面流至标线未按停秒表	扣1.0分		
		7)测定过程毛细管黏度计内产生气泡或空隙	扣1.0分		
		8)产生气泡又未重做	扣1.0分		
		9)按动秒表动作迟缓	扣1.0分		
		10)未及时记录黏度系数	扣1.0分		
5	闪点测定操作	1)闪点测定器未围着防护屏	扣1.0分	25分	
		2)未将火焰调整到接近球形、直径3～4mm	扣1.0分		
		3)闪点测定器未放在避风和较暗的地点	扣1.0分		
		4)未及时调整加热速度	扣1.0分		
		5)搅拌操作不当	扣1.0分		
		6)加热的升温速度控制不好	扣1.0分		
		7)达到预计闪点前10℃未开始点火试验	扣1.0分		
		8)点火时未停止搅拌	扣1.0分		
		9)点火后未继续搅拌	扣1.0分		
		10)点火时未扭动滑板及点火器制动手柄使滑板滑开	扣1.0分		
		11)点火器未伸入杯口	扣1.0分		
		12)未停留在一位置1s	扣1.0分		
		13)火焰停留在一位置1s未立即迅速回到原位	扣1.0分		
		14)点火无闪火现象	扣1.0分		
		15)重复进行点火试验未间隔1～2℃	扣1.0分		
		16)不会判断闪点	扣1.0分		
		17)升温速度过快没有准确观察闪火现象	扣1.0分		

续表

序号	考核内容	考核标准	评分标准	配分	得分
5	闪点测定操作	18)第一次在试样液面上方出现蓝色火焰时未及时记录温度	扣1.0分		
		19)继续试验,未能继续闪火就认为测定结果有效	扣1.0分		
		20)试验时,不出现闪火,未更换试样重新试验	扣1.0分		
		21)未测定两次	扣1.0分		
		22)数据大于0.3℃未重做	扣1.0分		
		23)结束未收仪器或未清洗	扣1.0分		
		24)温度计用冷水冲洗	扣1.0分		
		25)温度计洗后未擦干	扣1.0分		
6	测后工作	1. 实验仪器的处理		15分	
		1)将黏度计内溶液倒出并洗净	1.0分		
		2)将样杯内油样倒到指定回收瓶内	1.0分		
		3)洗净黏度计和样杯,操作规范	1.0分		
		4)擦干测量温度计	1.0分		
		5)将黏度计倒夹在台架上	1.0分		
		2. 实验药品的摆放			
		1)公用药品用完后及时放回原处	1.0分		
		2)药品、仪器摆放整齐	1.0分		
		3)实验完药品用布将瓶外壁擦净	1.0分		
		3. 实验台面的清整			
		1)将闪点测定仪等摆放整齐	1.0分		
		2)将试剂、油样、蒸馏水瓶放在台面上,并排成一排并将实验台面用布擦净	1.0分		
		4. 实验结果的计算			
		1)能独立、迅速地进行数据处理	1.0分		
		2)公式使用正确	1.0分		
		3)运算结果记录规范	1.0分		
		4)卷面记录规范	1.0分		
		5)记录改错不超过有关规定	1.0分		
7	测定结果 自平行	1)考生自平行相对极差大于0.20,小于0.30	扣4.0分	15分	
		2)考生自平行相对极差大于0.31,小于0.40	扣7.0分		
		3)考生自平行相对极差大于0.41,小于0.50	扣10.0分		
	测定结果 互平行	1)考生互平行相对极差大于0.30,小于0.40	扣1.0分		
		2)考生互平行相对极差大于0.41,小于0.50	扣3.0分		
		3)考生互平行相对极差大于0.51,小于0.60	扣5.0分		
8	考核时间	完成本项实训总时为95分钟 每超过1分钟,扣1.0分 若超过20分钟,则要结束考试 若此时平行操作只作两个数据,按最大超差扣 若此时未计算出最终结果,则监考人员应帮助考生计算出最终结果,但卷面应扣5.0分			
备注			合计		
			考评员签字	年 月 日	

11.6 样品交接

本题分值：10分

考核时间：10分钟

具体考核要求：

1）检验领到的样品外包装和样品填写记录并记录

2）检验样品的数量并记录

3）进行样品的外观检验并记录

（1）样品交接单

<table>
<tr><td>样品名称</td><td colspan="2"></td><td>送检单位</td><td></td><td>编号</td><td></td></tr>
<tr><td colspan="2">样品的外包装</td><td colspan="2"></td><td>样品数量</td><td colspan="2"></td></tr>
<tr><td>检测项目</td><td colspan="6"></td></tr>
<tr><td>检验依据</td><td colspan="6"></td></tr>
<tr><td>送检人</td><td colspan="3"></td><td>送检时间</td><td colspan="2"></td></tr>
<tr><td>接收人</td><td colspan="6"></td></tr>
</table>

（2）准备要求

考生准备

序号	名称	型号与规格	单位	数量	备注
	钢笔或签字笔		支	1～2支	

考场药品准备：准备1瓶100g样品。

建议：考点可根据自身的实际情况，准备出10～20种不同（指有机物或无机物），让考生抽签考核。或与化学检验、物理常数检验合并在一起考。

考场仪器准备

序号	名称	型号与规格	单位	数量	备注
1	烧杯	50mL	个	2～3	检验液体样用
2	表面皿	ϕ30mm或ϕ60mm	个	1～2	检验液体样用
3	滴管		个	1～2	检验液体样用
4	角匙	不锈钢或牛角	支	1～2	检验固体样用
5	表面皿	ϕ30mm或ϕ60mm	个	1～2	检验液体样用

考核评分标准

序号	考核内容	考核标准	评分标准	配分	得分
1	样品的包装检验和验收	1)检验样品的外包装有无破损 2)样品记录是否填齐 3)样品记录填写是否规范	1.0分 1.0分 1.0分	3分	
2	样品数量的检验	1)称量样品数量 2)检验样品数量是否够量	1.0分 1.0分	2分	
3	样品的外观、品质检验	1. 检验样品的外观 1)外观检验操作规范 2)用量合理 2. 检验样品的品质 1)检验认真、细致 2)操作规范	 2.0分 1.0分 1.0分 1.0分	5分	
备注			合计		
			考评员签字	年 月 日	

参 考 文 献

［1］ GB/T 613.

［2］ GB/T 615.

［3］ GB 265.

［4］ GB/T 616.

［5］ GB/T 611.

［6］ 盛晓东. 工业分析技术. 北京：化学工业出版社，2008.

［7］ 刘天煦. 化验员基础知识问答. 北京：化学工业出版社，2003.

［8］ 吉分平. 工业分析. 第2版. 北京：化学工业出版社，2008.

［9］ 马腾文. 分析技术与操作（Ⅰ）. 北京：化学工业出版社，2005.

［10］ 周光理. 食品分析与检验技术. 北京：化学工业出版社，2010.